이 도서의 국립중앙도서관 출판예정도서목록(CIP)은 서지정보유통지원시스템 홈페이지(http://seoji.nl.go.kr)와
국가자료공동목록시스템(http://www.nl.go.kr/kolisnet)에서 이용하실 수 있습니다.(CIP제어번호: CIP2018019022)

우리들의 좋은 날,

_____ 님께 이 책을 드립니다.

호호당 보자기 이야기

사는 동안 좋은 일만 있으라고,

양정은 지음 | 김연제 찍음

design **house**

목차

우리들의 좋은 날

나고 자라고 독립해 일가를 이루는 것, 그 과정이 반복되면서 세상이 흘러 갑니다. 전 세계 어디에서 살아도 불편하지 않을 정도로 삶의 양상이 보편 화됐지만, 그래도 중요한 순간을 기념하면서는 '내가 한국인이구나, 이 땅에서 살고 있구나' 새삼 느낍니다. 그리고 그런 날들을 함께 준비하고 축하하면서 가족과 이웃의 의미를 다시금 생각해보게 됩니다. 결혼식을 준비하거나 아이를 낳고 기를 때 일을 떠올려보면, 이 모든 과정을 혼자 해낼 수 있었을까 싶습니다. 사람들이 많은 것을 거뜬히 혼자 해내는 요즘이지만 그래도 함께해야만 기쁨이 더해지고, 함께할 때에야 비로소 완성되는 날이 있지요. 우리 삶에 그런 날이 아직도 많이 존재하고요.

그런 날은 대부분 새로운 단계로 접어드는 순간입니다. 출산은 새 생명이 엄마 몸에서 분리되어 세상에 나오는 순간이고, 성년의 날은 비로소 자신의 삶에 책임을 지는 나이가 되었음을 알리는 날이지요. 결혼식은 새로운 가족 구성원과 함께 일가를 이루는 순간입니다. 이렇듯 이전 삶과는 다른 단계로 접어드는 과정을 기념하고, 축하하고, 많은 이에게 알리는 순간을 우리는 통과의례 혹은 일생의례라고 부릅니다.

예부터 이 일생의례만은 빈부와 상관없이 정성과 예를 다해 준비했습니다. 그리고 오늘날까지도 그 대부분의 날은 소중하게 이어지고 있지요. 하지만 종종 본연의 의미가 퇴색되고 변질되어 안타까운 마음이 들기도 합니다. 이런 일이 반복되다 보면 마치 그것이 전통인 양 잘못 여기게 되고, 본디 의미는 잊힌 채 허례허식으로 치부되겠지요. 이런 때일수록 '진짜'가 무엇인지 아는 것이 중요하다고 생각합니다.

우리가 그 일생의례의 순간을 왜 기억하고 지켜야 할까요? 그날은 우리 삶에 어떤 의미가 있을까요? 이런 물음에 앞서 기억해야 할 것이 있습니다. 바로 '전통은 지켜가는 것'입니다. 패션의 유행처럼 돌고 도는 것이 아니고, 생활용품처럼 진화를 거듭하는 것도 아닙니다. 그저 지켜가는 것입니다. '지켜간다'는 말 속에 의미가 담겨 있습니다. 조금 불편할지라도, 현재의 우리에게는 조금 의미 없게 느껴질지라도 묵묵히 행하는 것이죠.

왜 그리해야 하냐고요? 왜냐하면 전통을 제대로 알고 지켜가야 우리 정체성, 우리 자존감, 우리가 이 땅에서 어울려 사는 의미를 찾을 수 있기 때문입니다. 그 전통을 지켜가는 과정에서 내 뿌리인 조상을 생각하고, 부모가 일군 가정을 생각하고, 그 일원인 나와 우리를 생각하게 됩니다. 다시 내가 새로 일군 가정이 이 사회, 이 나라, 이 세계가 된다는 사실을 깨닫게 됩니다. 즉, 이것은 우리 뿌리에 대한 이야기입니다.

많은 사람이 유럽을 좋아합니다. 유럽의 미술, 유럽의 건축물, 유럽 사람들이 지켜온 명절(기념일)과 통과의례 방식을 동경합니다. 오랫동안 소중하게 지켜온 것, 끊임없이 더 아름답게 가꿔온 것이기 때문이지요. 전 세계를 누비며 살더라도, 일찌감치 독립했더라도 유럽인은 삶의 좋은 날에는 자신의 터전을 찾습니다. 한마을에 모여 살기 위해서가 아니라, 더 멀리 뻗어나가기 위해서도 전통은 중요하기 때문입니다.

언젠가부터 핼러윈과 추수감사절, 밸런타인데이는 챙기지만 설과 추석, 단오나 칠석은 부담스럽게 여기는 사람이 많습니다. 하지만 가만히 들여다보면 우리 명절은 이 땅에 사는 우리가 즐기기에 '가장 좋은 맛과 즐거움'으로 가득합니다. 제철 과일과 채소, 곡식, 그 계절의 공기와 햇살, 그리고 해와 달… 수백 년 전에 그랬듯이 우리도 같은 계절에 같은 하늘을 보고, 같은 음식을 먹으며 즐길 수 있는 날입니다. 계절과 계절의 문턱에서, 한 해의 시작과 끝에서 우리만의 방식으로 기념하던 날에 대해 알 수 있다면, 또 거창하진 않아도 집집마다 기념할 수 있다면 우리만의 명절이 삶 속에 다시 따뜻하게 퍼져나갈 수 있을 것입니다.

이 책은 한국에서 나고 자라면서 만나는 좋은 날을 '일생의례'와 '세시' 그리고 '일상 속 특별한 순간'이라는 세 갈래로 정리했습니다. 그 안에 담긴 의미를 전하면서, 현재 우리가 기억하고 즐길 수 있는 방법도 조심스레 제안했습니다. 그 제안이 때로는 상차림이기도 하고, 때로는 만들기이기도 하지만, 대체로 뜻깊은 순간을 두루 나누기 위한 보자기 포장법입니다.

보자기는 즐겁고 뜻깊은 순간에 함께한 실용적이고도 아름다운 물건이지요. 때로는 포장지이기도, 책이나 도시락을 담는 가방이기도, 이불을 보관하는 장롱이 되기도, 깨지지 않게 둘러 묶는 보완재가 되기도, 귀한 것을 감싸는 보석함이 되기도 했지요. 이런저런 물건을 다양한 방식으로 묶고 덮고 간직해온 보자기. 한국인의 삶 속 특별한 날을 들여다보는 이 책에 자연스레 보자기가 등장할 수밖에 없는 이유입니다.

저는 이 책이 수많은 이에게 그저 스쳐가는 책이 되기보다 몇몇 사람일지라도 자신의 책장에 간직하는 책이 되길 바랍니다. 책장 한편에 조용히 자리하다가 삶 속 중요한 날이 되면 어김없이 꺼내 보는 책이면 좋겠습니다. 백일상 위 백설기 한 덩이에도 의미가 있고, 철마다 준비하는 선물에도 유래가 있음을 기억하게 하는 책이면 좋겠습니다. 한국 사람으로 살아가며 사계절, 그리고 일생의 중요한 순간에 생기가 돌고 즐거운 이야기가 더해지길 바랍니다. 그렇게 한 집 한 집, 그들만의 방식으로 이어가는 하루, 한 달, 1년의 이야기가 모여 세시 풍속이 되고, 일생의례가 될 것입니다. 그것이 바로 전통, 우리 뿌리에 대한 이야기이겠지요.

제 어머니가 결혼할 때 외할머니께서 보자기를 직접 만들어 이바지 음식을 포장해주셨다고 합니다. 그 보자기가 너무 애틋하여 잘 간직해둔 어머니는 제가 결혼할 때 그 보자기로 이바지 음식을 포장해주셨습니다. 대를 물린 그 보자기는 제게 특별한 이야기가 되었습니다. 그렇게 제 뿌리의 일부가 되었습니다.
저는 그 보자기처럼 이 책이 삶의 순간순간 이야기를 만들어주는 책, 소박하지만 기품 있는 삶의 방식을 제안하는 책이 되기를 소망합니다.

양정은

1장

일생의례

好 — 출산

好 — 백일

好 — 돌

好 — 책례

好 — 성년례

好 — 혼례

好 — 회갑례와 회혼례

好

출산

너를 기다리는 동안에

한국에서는 아이가 태어날 때부터 한 살로 칩니다. 생각해보면 이상한 일입니다. 이제 막 태어난 아이에게 1년만큼의 세월을 안겨주는 나라가 흔치 않기 때문이지요. 왜일까요? 우리 조상들은 엄마 배 속에서 자라는 아이 역시 어엿한 생명체이자 인격체라는 믿음이 있었기 때문이죠. 아이가 생겨난 순간부터 아이의 성장 기간으로 보기 때문에 그때부터 나이를 계산하는 겁니다. 그래서인지 한국에서는 '태교'를 매우 중요시합니다. 배 속의 아이도 어엿한 생명체로 존중하지요. 엄마가 보는 것, 듣는 것 모두 아이에게 그대로 전해진다는 믿음으로 주변 사람들도 한마음으로 태교를 돕습니다.

우리 태교의 기본은 '나쁜 것은 보지도, 듣지도, 말하지도, 생각하지도 말 것', '바르고 아름답고 좋은 것만 생각하고 행할 것', '이를 위해 임신부 본인의 노력은 물론이고, 남편을 비롯한 온 가족의 말투와 거동마저 한마음으로 조심할 것'이었습니다.

여인이 자식을 잉태했을 때, 음식을 조심해서 먹고 잠을 바르게 누워 자며 몸을 단정히 하면 아름다운 아기를 낳을 수 있다.
대개 자식은 그 어머니를 닮게 마련인데, 10개월 동안 어머니의 배 속에 있는 아기가 어머니를 닮아 나오는 것은 당연한 일이다.
_송시열(1607~1689), 《계녀서戒女書》

출산 준비

아기가 세상에 나오길 기다리면서 이런저런 아기맞이 준비를 합니다. 모든 부모가 가장 설레는 순간이기도 하지만, 모든 것이 처음이라 두려운 순간이기도 하지요. 요즘은 출산 준비라고 하면 가장 먼저 유모차를 떠올리지만, 예전에는 포대기와 솜이불 등을 준비해두었습니다. 산달이 가까워오면 출산할 곳을 깨끗이 청소하고, 아기를 맞이할 단장을 했지요.

그런데 예나 지금이나 출산 준비물을 찬찬히 살펴보면 흰색 일색입니다. 백의민족白衣民族이라는 말이 있을 정도로 우리가 순수한 흰옷을 즐겨 입었기 때문이겠지요. 그러고 보니 세상에 태어나 입는 옷과 세상을 떠날 때 입는 옷이 모두 흰색이었습니다. 특히 태어나 처음 입는 옷은 반드시 희고 부드러운 소재로 준비했지요. 한국인의 삶 속 순간순간에 함께한 백의白衣는 마치 간절한 기도처럼 느껴지기도 합니다.

첫아이 때 출산 준비를 하려면 막막하기만 합니다. 무엇을 얼마나 준비해야 할지 모르니 감을 잡을 수 없지요. 출산용품은 너무 적게 준비해도, 너무 빨리 준비해도, 너무 많이 준비해도 곤란해질 수 있답니다. 출산하는 계절에 맞춰 배냇저고리와 이불 등을 준비하는 것이 좋습니다. 만약 계절과 상관없이 준비할 때는 두꺼운 것보다는 얇은 것을 고르세요.

아기 침대가 없다면 두툼한 솜이 들어간 침구를 준비하고, 이불은 생각보다 자주 빨고 삶으므로 삶아도 변형이 덜한 면 소재로 준비하세요. 단, 유기농 면의 경우 80℃ 정도의 뜨거운 물에서 짧은 시간 삶아야 한다는 것도 잊지 마세요. 아기띠는 아기 머리가 흔들리는 것을 방지하기 위해 사용 시기를 백일 이후로 제한하기도 하지만, 포대기는 아기를 푹 감싸 끈을 둘러 묶으면 엄마 몸과 밀착되기에 일찍부터 사용할 수 있어요. 출산 전 미리 준비해두면 좋은 품목이지요. 가제 손수건은 쓰임이 다양하니 여유 있게 준비하세요. 젖이나 분유가 흐른 입 주변을 닦고, 목에 둘러주기에도 가제 손수건만 한 게 없지요. 순면 기저귀는 두세 장 정도 준비해 속싸개나 아기 목욕 수건으로 쓰면 유용합니다. 기저귀 용도로 사용할 목적이라면 기저귀를 고정할 커버와 함께 열 장 정도 넉넉히 준비하는 것이 좋습니다.

배냇저고리

갓 태어난 아이는 얇은 이불이나 수건으로 싸놓았습니다. 3일 정도 지난 후 첫 목욕을 하고 입히는 옷이 바로 아이의 첫 옷, 배냇저고리입니다. 예전부터 우리는 이 배냇저고리를 특별한 의미를 담아 만들었고, 또 소중히 간직했습니다. 별다른 색이나 모양 없이, 깃도 달지 않았죠. 특징이라면 무명실을 꼬아 달아준 것이지요. 가슴 부분에 달아준 무명실에는 오래오래 살라는 염원이, 순백의 깨끗함에는 부정 타지 말라는 바람이 담겨 있습니다. 이 배냇저고리는 아이가 장성한 후 중요한 시험을 치를 때 몸에 지니면 좋다고 하여 소중히 간직하곤 했습니다. 실제로 시험을 볼 때 가져가는 경우도 많았고, 결혼할 때 배우자에게 선물하기도 했지요. 지역에 따라 다르긴 하지만 집안 장손의 배냇저고리는 '좋은 집안의 존경받는 어른'에게 손수 만들어주십사 특별 주문했고, 대를 물리기도 했다고 합니다. 배냇저고리는 워낙 짧은 기간(백일을 맞기 전)만 입히는 옷이기 때문에 잘 간직하면 몇 대를 물리는 것도 가능했지요.

이렇듯 배냇저고리는 세상에 첫발을 디딘 존재에게 생명력을 불어넣어주는 옷입니다. 특별할 수밖에 없는, 희고도 작은 우리 아이 첫 옷이지요.

배냇저고리를 준비할 때는 꼭 전통적인 모양이나 소재를 선택해야 하는 것은 아닙니다. 하지만 부드러운 순면이나 유기농 면 소재로 준비하고 미리 세탁해두는 것이 중요합니다. 한여름에 태어나는 아기도 반팔이 아닌 긴팔 배냇저고리를 준비합니다. 배냇저고리를 구입할 때 손싸개(아기가 바둥거리다 자기 얼굴을 긁지 않게 해줍니다), 신생아용 작은 모자(딸꾹질을 할 때 씌워줍니다), 속싸개(아기를 꼭 감쌀 때 필요합니다) 등을 함께 준비해 세탁해두는 것이 좋습니다.

금줄

어느덧 출산일이 되면 아이의 탄생을 알리는 금줄이 제 역할을 시작합니다. 금줄은 부정을 막기 위한 기원을 담은 표식인데, 주로 아버지나 할아버지가 준비했습니다. 지역에 따라 다르긴 하지만 서울 지역에서는 아들을 낳으면 솔가지와 고추를, 딸을 낳으면 솔가지와 숯을 금줄에 꽂아두었습니다. 숯은 부정을 예방하고 깨끗하게 살라는 의미를, 고추는 남자의 성기를 닮았다는 것과 함께 붉은색이 액운을 쫓는다는 의미를, 솔가지는 푸르게 살라는 뜻을 지녔습니다. 금줄만 봐도 자연스레 아이의 성별을 알게 되고, 축하할 준비를 했지요. 단, 대문 앞에 금줄을 친 삼칠일(21일) 동안에는 외부인의 출입을 금지했고, 심지어 시아버지도 이 금줄을 떼는 삼칠일 후에 아이를 처음 보는 일이 많았다고 합니다. 떼어낸 금줄은 대부분 깨끗한 곳에서 태웠으나, 아들을 낳은 집의 금줄은 원하는 집에서 얻어가거나 때론 훔쳐가기도 했다고 하지요.

금줄을 치는 풍습도, 아들만을 간절히 바라는 모습도 모두 지금과는 많이 다릅니다. 하지만 금줄을 통해 아이의 탄생을 동네에 알리고, 한마음으로 조심하며, 축하하는 모습은 부러운 것이 사실입니다.

그 안에 담긴 의미처럼 건강하고, 푸르른 생명력으로 잘 자라주길 바라며 오늘날의 방식으로 금줄을 만들어 방이나 침대 머리맡을 장식해주면 어떨까요? 검고, 희고, 붉고, 푸르른 자연의 산물이 대롱대롱 달린 금줄은 서양식 갈런드나 모빌에 버금가는 장식이 될 것입니다.

액운을 쫓는다는 의미의 붉은 고추, 푸르게 살라는 바람이 담긴 솔가지,
부정을 예방하고 깨끗하게 살기를 바라며 준비하는 숯 등을 왼쪽으로(평소의 반대 방향으로) 꼰
새끼줄에 매달아 금줄을 만들었습니다.

출산 축하객에겐 쌀밥과 미역국을

금줄을 걷으면 비로소 친지와 가족들이 돈이나 쌀, 타래실, 미역 등을 들고 산모를 축하하러, 아이를 보러 방문합니다. 예전에는 출산 선물을 들고 찾아온 이들에게는 쌀밥과 미역국을 대접했습니다. 형편이 넉넉한 집이나 왕실에서는 잡귀를 물리치기 위한 수수팥떡, 도량이 넓은 아이로 자라라는 염원이 담긴 속이 빈 만두를 만들어놓고 집 앞을 지나는 많은 이에게 대접하기도 했습니다. 이는 두루 복을 나누는 행동이었을 테고, 앞으로 아이가 크는 동안 잘 부탁한다는 따뜻한 인사였을 테지요.

쌀밥과 미역국을 대접하는 정성은 오늘날에도 고스란히 이어받고 싶습니다. 산후조리 기간이 끝나고 친구나 가족이 집으로 방문할 경우 무얼 대접해야 하나 걱정이 되기도 하지요. 하지만 쌀밥과 미역국만은 늘 풍성하게 준비해놓고 있지 않나요? 손님이 자주 찾아오긴 하지만, 딱히 손님상을 차리기에는 버거운 때이기에 넉넉한 밥과 미역국 한 그릇 나누는 것으로 반가움과 고마움을 전하면 어떨까요.

차곡차곡 포장법

출산용품은 아이의 추억을 보관해놓을 상자에 처음으로 들어가는 꾸러미가 될 것입니다.
그 위에 백일복이나 한복 등 아이의 추억이 시간의 순서대로 쌓이겠지요. 추억의 물건을
차곡차곡 쌓을 때 유용한 포장법이 있습니다. 이불이나 철 지난 옷은 물론이고
소풍 때처럼 여러 개의 도시락을 쌀 때도 매우 유용합니다.

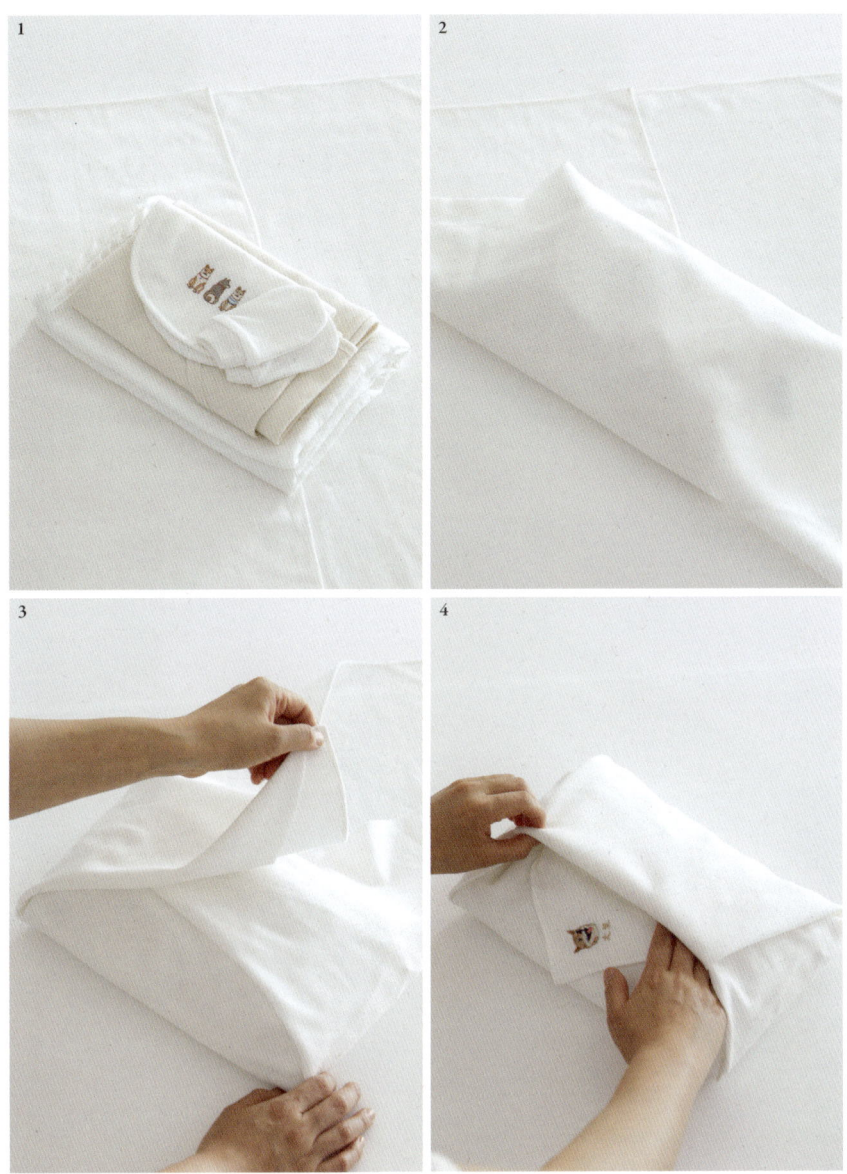

 (image placement)

1 보자기를 마름모꼴로 펼친 후 한가운데에 출산용품을 차곡차곡 쌓습니다.
2 아래쪽 모서리를 접어 올린 뒤 출산용품 밑으로 접어 넣습니다.
3 오른쪽 모서리를 접어 올리고, 왼쪽 모서리를 접어 올립니다.
4 위쪽 모서리를 앞쪽으로 접은 뒤 안쪽으로 살짝 집어넣습니다.

好
백일

희고 깨끗한 白, 꽉 찬 백날의 百

아이가 태어난 지 백일百日이 되는 날에는 단출한 잔칫상을 차려 소박하게 축하합니다. 작고 연약하게 태어난 아이가 용케 백일을 견뎌낸 것을 기특하게 여기는 축하의 날이지요. 실제로 예전에는 백일이 되기 전 숨을 거두는 아이가 많았다고 합니다.

돌상과는 달리 백일상은 소박합니다. 오히려 요즘 백일상이 화려한 편이지요. 옛 사람들이 백일을 대수롭지 않게 여겨서 그런 것은 아닙니다. 백일상을 단출하게 차린 이유는 귀신의 시샘을 피하기 위해서였다고 합니다. 백일을 지낸 뒤에도 돌까지는 마음을 졸이면서 키웠다고 하니까요. 귀하지 않아서가 아니라, 너무 소중해서 소박하게 백일잔치를 치른 것입니다.

전통 백일상에는 흰밥, 미역국, 백설기, 수수팥떡, 그리고 오색송편을 올립니다. 요즘은 대부분 백설기를 떡집에서 맞추지만, 사실 떡시루만 있으면 가장 손쉽게 만들 수 있는 것이 백설기입니다. 떡집에서 맞춘 백설기야 자로 잰 듯 네모반듯하게 잘려서 오지만, 집에서 백설기를 쪄서 백일상을 준비한다면 시루째 올리는 것이 전통 상차림 방식입니다.

백일복

백일상과 함께 아이의 새 옷도 준비합니다. 태어나서 백일이 될 때까지 석 달 동안은 배냇저고리를 입습니다. 전통 배냇저고리는 완전한 옷의 형태를 갖추지 않았기에 옷다운 옷으로 여기지 않았습니다. 어른의 옷, 즉 옷다운 옷에는 깃과 섶을 다는데 배냇저고리에는 깃과 섶이 없지요. 백일복은 배냇저고리와 달리 깃과 섶을 달고, 등 뒤로 끈을 길게 둘러 타래실이 아닌 제대로 된 고름을 달았습니다. 이는 배냇저고리에 무명실을 꼬아 다는 것처럼 장수를 기원하는 의미가 담겨 있습니다. 때로는 조각 천 100장을 모아 지은 백일복으로 아이의 건강과 무병장수를 기원하기도 했지요.

배냇저고리와 마찬가지로 백일복은 흰색으로 만들었습니다. 이 백일복에는 흰색, 즉 白이 지닌 순진무구·청정·신성함의 의미가 담겨 있고, 또 완전함, 즉 百이 뜻하는 것이 전부 담겨 있습니다.

요즘도 백일잔치는 아이가 있는 집에서 빼놓지 않는 큰 행사이지요. 이 백일복에 담긴 의미 또한 좋으니 전통 형태의 백일복(흰색, 등 뒤로 두른 끈 등)으로 준비해도 좋고, 상차림을 현대적 감각으로 했다면 흰 셔츠나 원피스 등으로 준비해도 괜찮습니다. 만약 전통 상차림으로 한다면 전통 백일복 형태를 조금 넉넉한 사이즈로 장만해 잔치 이후 일상복으로 입히는 것도 좋지요. 백일 한복을 대여하는 것도 하나의 방법입니다. 전통의 의미와 요즘의 멋, 그 안에서 아이 엄마와 아빠가 머리를 맞대고 우리 아이만을 위한 의례상과 의례복을 마련할 수 있다면 더할 나위 없겠지요.

처음으로 옷다운 옷을 입은 아이에게는 드디어 이름을 지어줍니다. 백일까지 살아남는 아이가 많지 않던 옛날에는 백일 전에 이름도 지어주지 않았다고 하지요. 백일이 지난 후에야 한 인간, 어엿한 가족 구성원으로 인정받은 것입니다.

백일상

옛 어른들은 단출한 백일상처럼 백일잔치 역시 소박하게 치렀습니다. 화려하게 차리는 것은 아니지만 상에 오르는 모든 것에는 각각 의미가 담깁니다. 흰색인 탓에 白이라는 글자가 붙은 떡과 옷은 또 다른 의미로 꽉 찬 百을 뜻하여 아이의 장수를 기원함과 동시에 티 없이 맑은 아이를 뜻하기도 합니다. 백일상부터 시작해 돌상을 거쳐 열 살까지 아이가 맞이하는 생일상에서 빠지지 않는 것이 수수팥떡인데, 붉은팥이 액과 부정을 막아준다는 의미를 지닙니다.

또 하나 준비하는 떡이 오색송편입니다. 여러 재료로 물을 들여 다섯 가지 색깔의 송편을 빚습니다. 이때 주로 쓰는 것이 치자, 오미자, 포도, 쑥입니다. 오색송편이 나타내는 다섯 가지 색은 만물의 조화를 의미하며, 추석 때의 송편과 달리 아이 잔칫상에는 반드시 색색으로 물들인 오색송편을 올립니다. 속이 꽉 찬 송편과 속이 빈 송편을 함께 만드는데, 이는 머리와 속이 꽉 찬 실속 있는 사람이 되라는 의미와 도량이 넓은 사람이 되라는 바람이 함께 담겨 있습니다.

때론 백일상이나 돌상이 주는 무게에 지레 겁먹고 '스스로 하기에는 힘든 것'이라고 단정해버리는 경우가 많습니다. 특히 아기 백일 때는 엄마 몸도 아직 회복 중인 시기라서 의욕적으로 무언가 하기에는 무리이지요. 그럴 때 더욱더 상차림에 담긴 의미를 들여다보는 것이 좋다고 생각합니다. 소박하게 준비하는 상, 그 위에 꼭 올리는 떡 몇 가지의 의미만 기억한다면 백일상 정도는 거뜬히, 엄마만의 마음을 담아 차릴 수 있지 않을까요.

백일 답례 떡

어릴 때 이웃 어른들이 종종 백설기나 시루떡을 들고 방문하던 일이 생각나네요. 백설기를 보면 '어느 집 아이가 백일이구나' 생각했고, 시루떡을 보면 '어느 집이 이사를 왔구나' 여겼지요. 백일을 상징하는 답례 떡인 백설기는 100명에게 돌렸다고 합니다. 이는 곧 "우리 아이가 태어났습니다" 하고 이웃에 알리는 일이고, 또 아이의 첫 사회생활을 뜻하는 것이었을 테지요. 우리 가정에 새로 태어난 이 아이는 머지않아 사회의 새로운 구성원이 될 테니 두루두루 잘 보살펴주십사 미리 인사를 드리는 것이었지요.

요즘은 100명에게 떡을 나누고 싶어도 동네에 인사를 건네며 떡을 전할 사람이 마땅치 않습니다. 시대가 바뀌었으니 100명에게 나눌 정성을 더해 몇 개, 몇십 개라도 예쁘게 포장해 선물하면 좋을 것 같습니다. 백설기의 색을 꼭 빼닮은 희고 깨끗한 행주에 백설기를 나누어 묶으면 쓰레기를 배출하지 않으면서 예쁘게 포장할 수 있습니다. 아이가 앞으로 살아갈 환경까지 생각한 친환경적 포장이지요.

백일 답례 떡에 대한 보답, 타래실

주변 이들과 두루 나누어야 아이에게 복이 된다는 백일 답례 떡은 그것을 받은 사람 역시 빈 그릇으로 돌려보내는 법이 없었습니다. 떡을 담았던 그릇을 씻지 않은 채 타래실이나 돈, 쌀 등을 수북하게 담아 돌려보냈지요. 예부터 가늘고 긴 실과 국수는 장수를 의미했기에 아이의 출생이나 백일 때는 타래실이 중요한 선물 역할을 했습니다. 요즘과는 달리 실을 얻는 것이 쉽지 않았기에 실제로 귀하고 값진 선물이기도 했을 것입니다. 이렇게 받은 타래실은 아이 옷을 지을 때나, 아이 이불을 꿰맬 때 사용해 아이의 건강과 장수를 기원했습니다.

요즘은 실제로 옷을 짓거나, 바느질하는 용도로 쓰진 않지만 백일상을 차릴 때 소담한 연출을 위해 꼭 필요한 것이 타래실입니다. 옛 조상들처럼 백일을 맞은 아이에게 타래실 몇 뭉치를 소담하게 정리해 선물해보세요. 백일상을 차릴 때도, 이후 돌상을 차릴 때도 단아한 멋을 연출할 수 있을 거예요. 물론 아이의 장수도 기원하면서 말이죠!

호호당 꽃 매듭 포장법

큰 꽃송이가 풍성하게 얹힌 듯한 꽃 매듭은 좋은 일,
귀한 선물에 유독 잘 어울리는 포장법입니다.
마음을 담아 준비하는 축하 선물은 꽃을 건네듯 호호당의 꽃 매듭으로 포장해보세요.

1 보자기를 마름모꼴로 펼친 후 한가운데에 타래실을 담은 상자를 놓습니다.
왼쪽과 오른쪽 모서리를 맞잡아 묶은 뒤, 위쪽과 아래쪽 모서리도 맞잡아 묶습니다.
2 오른쪽 아랫부분의 리본을 반대쪽으로 접어 올립니다.
3 오른쪽 윗부분의 리본을 반대쪽으로 접어 내립니다.
4 왼쪽 윗부분 리본을 반대쪽으로 접어 내립니다. 아랫부분 리본은 반대쪽으로 접어 올리면서
②에서 접은 리본의 아래쪽으로 통과시켜 빼줍니다.
5 시계 반대 반향으로 돌면서 리본 모서리를 구멍 안으로 집어넣어 정리합니다.
6 네 방향의 리본을 모두 정리해주면 완성.

好 一

돌

너의 일 년

아기가 태어나 1년이 되면 아슬아슬한 위기를 대개 벗어나 든든한 장래를
기약할 수 있는 단계에 들어가니 돌이라는 축하연이 있음 직합니다.
_최남선(1890-1957), 《조선상식문답》

아이가 세상에 태어난 지 만 1년이 되는 날을 돌이라고 합니다. 대부분의
나라에서 아이의 첫 생일을 크게 축하해줍니다. 하지만 한국에서는 돌잔
치가 아이의 첫 번째 생일이 아닌 두 살이 되는 해의 생일잔치입니다. 돌
잔치는 많은 의미를 지니고 있어 어린 시절에 거치는 의례 중 가장 성대하
게 치릅니다. 어느 계절에 태어났어도 첫돌을 맞이한 아이는 봄과 여름,
가을과 겨울의 사계를 무탈하게 지내온 것이지요. 백일 때는 목도 잘 가
누지 못하고 자그마했다면, 돌 때는 눈빛과 몸짓이 사뭇 다릅니다. 단순히
첫 생일이 아닌 인생의 다음 단계로 넘어간다는 의미를 부여하는 돌잔치
는 그저 아이가 아프지 않고 살아남아주길 바라던 출산이나 백일잔치와는
또 다른 의미를 지닙니다. 처음으로 가족들은 아이의 건강은 물론, 현명하
고 지혜롭게, 바르고 씩씩하게 자라길 기원하는 마음을 지니게 됩니다. 아
이의 미래를 꿈꾸는 것이지요.

돌상

돌상은 백일상과는 달리 화려하게 준비합니다. 떡과 돌잡이용품을 올린 둥근 소반, 아이 음식을 올린 곁상을 함께 차리지요. 무엇보다 아이가 혹시라도 부딪쳐 다치지 말라고 둥근 상에 차립니다. 돌상에는 백설기, 수수팥떡, 송편, 인절미 등을 올리는데, 이 중 백설기와 수수팥떡은 반드시 준비해야 합니다.

이렇듯 우리 잔치 상차림에는 떡이 빠지지 않습니다. 속을 무엇으로 채우고, 고명을 어떻게 장식하느냐에 따라 의미하는 바가 다르지요. 먹고 마시는 것조차 어쩜 그리도 소망하는 것을 차곡차곡 담아 만들었는지, 우리 음식과 상차림을 보면 부모 마음이, 때론 자식 마음이 너무도 간절하게 묻어나 애틋하기까지 합니다.

전통적으로 돌상을 비롯한 잔치 상차림에는 절화, 즉 꽃을 잘라 꾸민 꽃을 올리지 않았다고 합니다. 종이로 꽃을 만들어 올리거나, 떡으로 만든 꽃으로 상차림을 화려하게 꾸며주었지요. 우리 아이 돌상은 열매가 맺히는 푸르고 싱싱한 화분으로 장식해주면 어떨까요. 무럭무럭 자라는 아이의 모습과 같아 상차림에 생기를 더하고, 돌잔치 이후에도 정성껏 키울 수 있으니 여러모로 의미가 있을 것 같습니다. 이때는 예쁜 화분 그대로 올려도 되고, 상차림에 어울리는 색으로 보자기 포장해 올려도 좋습니다.

돌상

백설기 장수, 신성함, 정결함, 순진무구함을 뜻합니다.
수수팥떡 액운을 막고 건강하고 무탈하기를 기원합니다.
타래실 장수를 기원합니다.
밤과 대추 자손 번창을 기원하는 의미입니다.
과일 풍요를 상징합니다.
홍실로 묶은 미나리 자손 번창과 장수를 기원합니다.
오색송편 속이 빈 것은 도량이 넓어지기를, 속을 채운 것은 머리와
속이 꽉 찬 사람이 되기를 바라는 마음입니다.
인절미 끈기 있고 단단하게 성장하길 바라는 마음으로 준비합니다.
국수 장수를 기원합니다.

곁상

돌상에 곁상으로 더해지는 반상에는 아이가 먹을 수 있는
슴슴하고 맵지 않은 음식을 올립니다.
옛 문헌에는 "흰밥, 미역국, 간장, 김치(나박김치, 백김치, 오이소박이 등),
나물(미나리나물, 시금치나물, 도라지나물), 전(호박전, 생선전 등),
조림(두부조림, 감자조림 등), 찜(사태찜, 가리찜 등),
구이(너비아니구이, 섭산적 등), 자반(오징어채, 북어 보푸라기 등),
장아찌(무장아찌, 오이장아찌 등)"가 올랐다고 기록되어 있습니다.
참고 자료: 《영친왕 일가 복식》 중 '소화 7년(1932) 12월 왕실에서의 한글로 된 반상 목록'

돌잡이

예전에도 돌잡이용품은 실로 다양했습니다. 가장 대표적인 것이 '문방사우'라 부르는 종이, 먹, 붓, 벼루인데, 학문에 정진하는 인재가 되기를 바라는 마음을 이 네 가지 물건에 담았지요.

예나 지금이나 부모의 교육열은 매한가지인지 종이나 붓은 눈에 띄는 색지로 감싸 아이의 관심을 끌었다고 합니다. 부귀를 뜻하는 돈(엽전)은 두 묶음을 만든 뒤 하나로 엮어 올려 두 살이 되었음을 알렸다고 하고요. 책을 올릴 때에는 조부모 또는 부모가 쓴 것이나 필체가 좋은 어른의 것을 받아 올려 그 어른의 글 쓰는 능력과 반듯한 글씨체를 닮기를 기원했습니다. 《천자문》《명심보감》 등도 많이 올렸다고 하지요.

그 외에도 장수를 의미하는 타래실과 국수, 무예가 뛰어나기를 바라는 마음을 담아 활과 화살을 올렸다고 합니다. 여자아이의 돌상에는 솜씨 좋은 사람이 되길 바라는 마음에서 자와 가위를 놓기도 했다지요.

요즘 돌상을 직접 차릴 때 이 돌잡이용품이 고민스럽지요. "붓도 없고 벼루도 없고 《천자문》도 없어서"라고 하지만, 사실 요즘 생활에 딱 맞는 붓, 벼루, 《천자문》이 이미 엄마 아빠 책상에 놓여 있습니다. 만년필과 잉크, 아빠가 좋아하는 책, 엄마가 즐겨 쓰는 색연필, 명연주자의 음반이나 훌륭한 디자이너가 만든 소품 등을 그대로 가져다 돌상에 올리면 됩니다. 우리 집, 우리 아이의 돌상에 딱 어울리는 돌잡이용품으로 준비해주는 것이 더 의미가 있을 것 같습니다. 돌잔치 같은 행사는 큰 줄기가 되는 부분이야 어느 정도 정해져 있어 그걸 참고한다지만, 그래도 어디까지나 가정의 사적인 행사잖아요. 우리 아이의 미래에 대해 가장 관심이 많고 궁금한 엄마 아빠가 돌잡이용품을 하나씩 준비하는 시간 또한 즐겁지 않을까요.

〈문관평생도 10폭 병풍〉 중 '돌', 국립민속박물관 소장

돌잡이에 관한 기록으로 묵재默齋 이문건李文建(1494~1567)이 쓴《양아록養兒錄》을 발췌하여 소개합니다.《양아록》은 주로 시의 형태로 손자 양육에 관해 기록했는데, 조선 사대부의 일상을 엿볼 수 있는 자료입니다.

임자년 1552년, 정월 초5일, 숙길의 돌날이다. 잡물들을 늘어놓고 아기가 잡는 것을 보았으니, 고인들이 모두 이런 일을 해왔기 때문이다. 이에 절구 5수를 지어서 아기가 잡은 것들에 대해 읊고, 기도하는 뜻도 나타냈다.

〈一〉

높다랗게 놀잇감들을 늘어놓아 돌날에 시험해보니, 엉금엉금 기어 와서는 필묵을 집네그러. 손을 들어 소리 내며 한참 동안 가지고 노니 참으로 훗날에 문장을 업으로 삼을 아이로구나.

〈二〉

집안에 전해오던 장식품인데, 가운데는 옥이고 가장자리는 금으로 두른 것이다. 금과 옥이 단장되어 보배로운 고리 하나를 만들었는데, 아기가 끌어당겨서는 찬찬히 쉬지 않고 가지고 노네. 가만히 원하노니 네가 필경에는 덕을 이루어 온화하고 순강한 가운데 성인과 짝할 만큼 되기를.

〈三〉

남자가 태어나 천하 사방에 뜻을 두어야 하는데, 문무의 지략에 모두 다 능하여야 하지. 활을 잡아 무예를 닦는 것이 진정 그 일이 되어야 할 것이니, 느슨하게 할 때와 당겨야 할 때 등 활쏘는 법을 배워야 할 일. 고귀함은 강한 데 있느니라.

〈四〉

활을 잡고 쉬다가는 다시 쌀을 잡더니, 집어서 입에 넣고 서너 번 맛을 보는구나. 백성의 목숨을 살리는 것이 진실로 곡식에 의존해 있는 법, 도리에 맡긴 채 몸일랑 모름지기 양육되고 평강하게 되거라.

〈五〉

나무를 깎아 네모난 도장을 새겼으니, 이것으로 시험 삼아 관직에 오를 조짐을 점쳐보았네. 빙 둘러보다가 필경에는 이것을 끌어당겼으니 모름지기 좋은 신하가 되어 임금님을 보좌하거라.
_이복규, 〈조선 전기의 출산, 생육 관련 민속_묵재 이문건의《묵재일기》《양아록》을 중심으로〉, 한국민속학회 엮음, 2008년

돌잡이의 의미

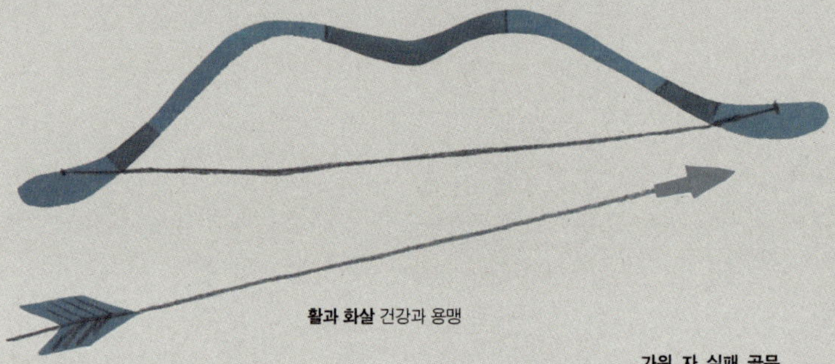

활과 화살 건강과 용맹

가위, 자, 실패, 골무
재주와 솜씨

책, 먹, 붓, 종이 학운

돈, 쌀 재복

타래실, 국수 장수

《양아록》에 따르면 옛 돌상에 오르던 돌잡이용품이 요즘 것과 별반 다르지 않다는 것을 알 수 있습니다. 물론 요즘은 새로운 직업이 생겨나면서 새로운 소품이 등장하기도 하지요. 이는 아이의 미래를 그저 직업으로 연결하는 것이지만, 옛 돌잡이용품은 직업 그 이상의 의미로 해석함을 앞 자료를 통해 엿볼 수 있습니다. 활을 잡으면 무관이 되고, 붓을 잡으면 장원 급제할 것이라고 막연히 아이의 미래를 점치는 것이 아니었지요. 그보다는 아이의 성품과 심성, 인간의 덕목과 도리, 살면서 두루 살펴야 할 것에 대해 이야기하고 있습니다.

요즘은 백일상은 물론이고 돌상도 부모의 취향을 반영해 특별한 상차림을 준비하고, 식당을 예약해 치르는 경우가 많습니다. 그리고 여러 가지 소품을 직접 구하는 것이 마땅치 않을 때는 돌상 대여 서비스를 이용하기도 하지요. 어떤 방법을 택하든 괜찮습니다. 우리가 눈여겨보고 되새겨야 할 것은 바로 돌상에 담긴 의미입니다. 아이 등 뒤에 두른 병풍에는 어떤 의미가 담겨 있는지, 그 병풍은 무엇으로 대체할 수 있는지, 밤·대추·떡·과일에 담긴 의미는 또 무엇인지 등 예부터 지금까지 전해오는 상차림에 담긴 의미를 제대로 아는 것이 중요하지요. 그중 꼭 준비하고 싶은 품목을 추린 뒤 만들거나 구입하거나 대여하거나 자신에게 맞는 방식을 선택하면 될 듯합니다.

돌상의 곁상에는 진밥에 슴슴한 미역국, 말간 백김치나 부드러운 고기 완자 등 이유식을 시작한 아이가 먹기에 좋은 메뉴를 올립니다.

돌상의 곁상

돌을 맞은 아이는 이제 어엿한 한 인간이므로 어른들이 '잘 먹고 잘 사는' 준비를 해주지요. 돌떡을 나눠 먹은 후 받는 쌀이나 반지, 타래실 등이 바로 아이의 앞날을 위한 재산이 되기도 합니다. 특히 돌상 옆에 차려주는 곁상은 아이가 앞으로 사용할, 새로 장만한 식기와 수저로 차립니다. 앞으로 밥상머리 한 자리를 차지하는 구성원이 될 준비를 해주는 것이지요. 그 안에 담겨 있는 '앞으로 잘 먹고 잘 살아야 한다'는 뜻은 그야말로 '먹고' '사는' 일이 대단히 중요하던 시절 모든 부모의 바람이 느껴지는 것 같아 뭉클합니다. 요즘 돌상에서는 이 곁상을 생략하는 경우가 대부분인데, 꼭 권해드리고 싶습니다.

곁상에는 밥그릇과 국그릇, 수저를 올리고 흰밥과 미역국, 푸른 나물, 과일 등을 차립니다. 아이가 먹을 음식이기 때문에 맵거나 짜지 않게 만들어 올리지요.

돌복

백일도 귀한 날이지만 소박하게 상을 차려 축하한 반면, 돌은 가정 형편과 상관없이 크고 성대하게 치렀습니다. 특히 색동과 화려한 비단으로 지은 새 옷, 모자, 신발로 돌복을 준비해주었습니다. 좀 복잡해 보이지만 그 의미와 격식이 아름다우므로 돌복을 전체적으로 설명하겠습니다.

남자아이는 옥색이나 분홍색 저고리, 분홍이나 보라색 풍차바지, 남색 조끼와 연두 혹은 진분홍 마고자, 그리고 설날에도 많이 입히는 오방장 두루마기를 걸칩니다. 그 위에 긴 조끼 형태의 전복을 입힌 뒤 다홍색 끈으로 만든 술띠나 십장생을 수놓은 돌띠를 둘러줍니다. 그런 다음 사규삼을 입힌 뒤 다시 한번 다홍색 술띠를 매어주면 됩니다. 쓰개로는 복건이나 호건을, 솜을 누벼 만든 타래버선을, 그리고 연두색이나 남색 태사혜를 신깁니다. 마지막으로 금이나 은 등으로 장식한 돌 주머니를 달아 마무리합니다.

여자아이는 분홍색 속바지에 노란색이나 다홍색 치마, 노란색이나 연두색 저고리에 색동으로 장식하고, 남자아이와 마찬가지로 오방장 두루마기 또는 당의를 입힙니다. 머리 장식으로는 굴레나 조바위를 씌우고, 타래버선과 함께 다홍색이나 연두색 운혜 또는 당혜를 신깁니다. 여자아이는 소삼작 노리개를 달아 저고리를 장식합니다.

한국 사람들이 일생의례에 입는 예복은 화려하고 색이 아름답습니다. 부정을 막기 위해 소박하게 준비한 배냇저고리나 백일복만이 예외이지요. 아이가 처음 화려한 예복을 선물 받는 때가 바로 돌잔치입니다. 머리끝부터 발끝까지 화려하게 새 옷으로 치장하고 인생의 새로운 단계로 접어드는 아이 모습은 예나 지금이나 흐뭇하고 기특합니다.

남자아이의 돌복

사규삼과 홍색 돌띠

오방장 두루마기

복건

전복과 다홍색 술띠

연두색 색동 마고자

돌 주머니

분홍 저고리

남색 조끼

연보라 풍차바지

남색 태사혜

타래버선

돌복에 담긴 의미

색동 장수와 부귀영화를 기원합니다.

돌띠 장수를 기원합니다.

돌 주머니 복이 가득하기를 기원하며, 은이나 금 같은 귀한 것을 달아 장식하거나 주머니를 채워줍니다.

여자아이의 돌복

오방장 두루마기

굴레

조바위

분홍 풍차바지

청색 돌띠

삼색동 저고리

소삼작 노리개

타래버선

연두색 운혜

다홍색 치마

남자 아이 돌복

아이의 돌을 준비하며 조각조각 고운 원단을 마련해 바느질했을 옛날과는 달리 요즘은 한복을 빌리느냐, 사느냐, 혹은 맞추느냐를 결정하는 것이 가장 어려운 일입니다. 만약 아이가 어린이집에 다니거나 명절에 친척이 많이 모이는 집이라면 돌복을 조금 넉넉한 사이즈로 맞추거나 사서 돌 때와 이후 명절에 두세 번 입히는 것도 좋지 않을까 생각합니다. 의외로 많은 어린이집이나 유치원에서 명절에 한복을 입고 진행하는 행사를 하기 때문입니다. 단, 이때는 옛 전통 그대로 10종에 가까운 옷과 소품을 다 갖추기보다, 예쁜 한복과 함께 잔치 기분을 낼 수 있는 소품을 구비하면 좋습니다. 가장 대표적인 것이 돌띠, 남자아이의 복건 또는 호건, 그리고 여자아이의 굴레나 조바위입니다.

좋은 옷감으로 만든 돌복은 대를 물리기에도 제격입니다. 색동, 돌띠, 돌주머니와 타래버선 등은 시간이 지나도 변치 않는 의례복이지요. 추억과 이야기가 담긴 부모의 돌복을 대물림하는 것은 서양에서 웨딩드레스를 대물림하는 것 못지않게 낭만 가득한 가족의 전통이 될 겁니다.

돌 선물

돌잔치에 빠지지 않는 것이 곱고 화려한 옷과 잘 차린 돌상, 그리고 또 하나 필수품인 금반지입니다. 손가락마다 금반지를 끼워놓고 찍은 돌 사진은 집집마다 사진첩에 있지요. 예전부터 돌 때는 '귀한 것'을 선물했습니다. 특히 돌복에 함께 다는 돌 주머니를 채워 복이 가득 들어오길 바라는 마음을 담았다고 하지요. 부유한 집일수록 은장도, 은도끼를 비롯해 각종 패물을 장식으로 달았다고 합니다. 돌떡을 나눈 뒤 이웃에게 받는 각종 선물 역시 귀한 것이 많았다고 합니다. 물론 형편에 따라 달랐겠지만 주로 돈, 타래실, 반지나 장난감 등을 선물했는데, 이는 아이를 키우는 데 드는 노력을 십시일반 거들고 싶은 이웃의 따뜻한 정이 아니었을까 싶습니다. 그 마음은 오늘날 우리의 돌잔치 풍경 속에도 고스란히 이어지고 있습니다.

돌잔치 때 선물 받은 금반지들은 작은 합에 한꺼번에 보관해
솜 보자기로 포장해두면 자리도 덜 차지하고 더욱 소중하고 귀해 보입니다.

귀한 것 담아 묶는 솜 보자기 포장법

예부터 깨지기 쉬운 물건이나 따뜻하게 온도를 유지해야 하는 식품은
도톰하게 솜을 넣어 누빈 솜 보자기로 포장했습니다. 아이의 금반지들을 한데 넣어
보관하는 도자기 합을 솜 보자기로 싸서 포장하면 합을 보호해주는
완충재 역할까지 해 예쁘고도 실용적입니다.

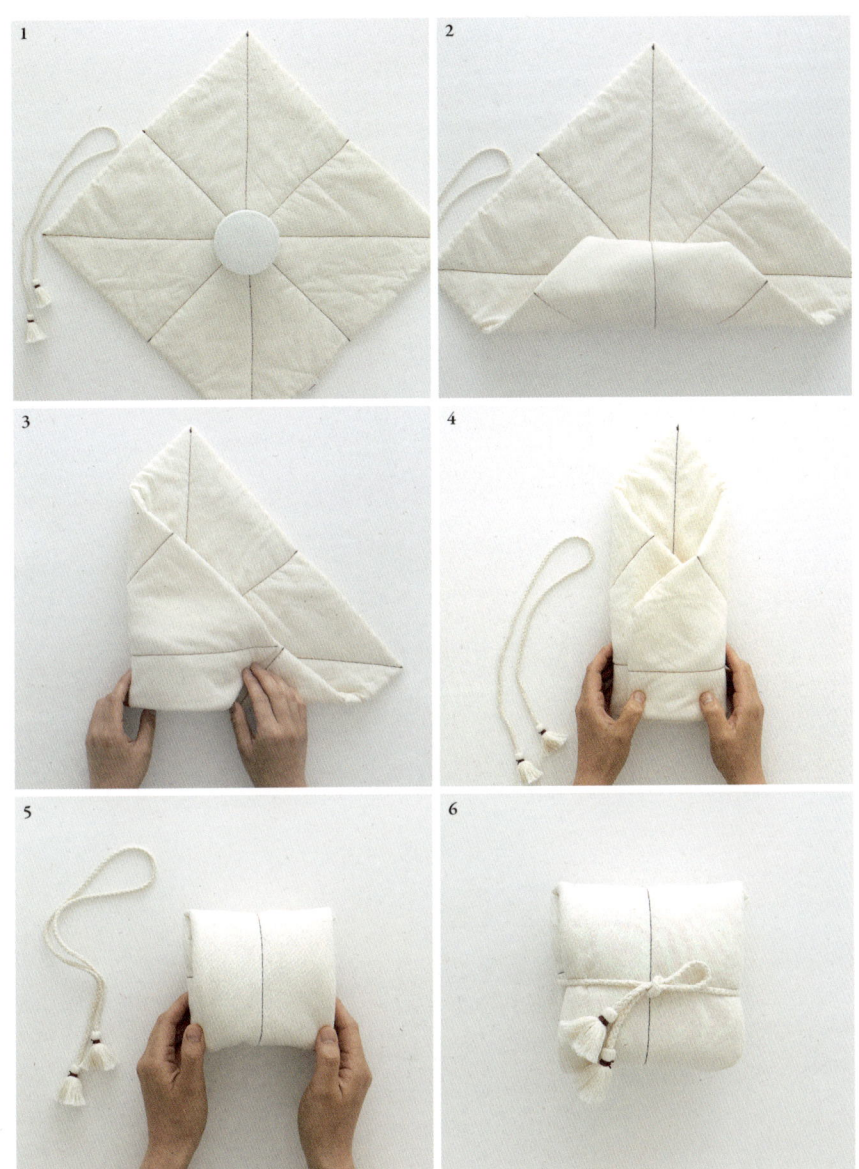

1 솜 보자기를 마름모꼴로 펼친 후 한가운데에 도자기 합을 놓습니다.

2 아래쪽 모서리를 접어 올리면서 안쪽으로 접어서 넣습니다.

3 왼쪽 모서리를 접어 올립니다.

4 오른쪽 모서리를 접어 올립니다.

5 위쪽 모서리를 접어 내리면서 안쪽으로 접어서 넣습니다.

6 끈으로 묶어 고정합니다.

好

책례

꼭 찬 송편처럼 지식을 채우고,
텅 빈 송편처럼 인성을 넓혀가기를

어린아이부터 제법 큰 소년까지 둘러앉아 글공부하는 서당에서는 책 한 권을 떼면 스승에게는 감사를, 친구들에게는 축하하는 의미로 밥상 또는 떡상을 차려 베풀곤 했지요. 이것을 책례라고 합니다. 《천자문》부터 시작한 글공부가 깊이를 더해갈수록 책례는 서로를 응원하는 기회가, 때로는 자극을 주고받는 계기가 되었겠지요. 무엇보다 큰 가르침을 주는 스승의 노고에 감사를 전하는 자리이기도 했습니다. 서당에서는 지역의 학식 있는 어르신이 주로 학동들을 가르쳤는데, 별도의 보수라고 할 것이 없었다고 합니다. 철마다 옷을 지어 드리거나, 책례를 통해 감사의 마음을 전하는 것이 전부였다고 하지요.

책례와 같지는 않더라도 요즘은 졸업식에서 선생님에게 감사를 전하곤 합니다. 하지만 책례에 담긴 의미, 즉 책 한 권의 깊이만큼 학문이 성장했음을 진심으로 축하하고 감사하는 의미와는 조금 다를 것입니다. 예전에도 능력과 노력에 따라 책 한 권을 온전히 자기 것으로 만드는 시간은 차이가 났겠지요. 하지만 조금 빠르고 더디고를 그리 중요하게 여기지 않았을 겁니다. 그 책 한 권을 진정 내 것으로 만드는 시간, 그리하여 더 나은 인간으로 성장하는 것에 의미를 두었지요. 그리고 책 한 권을 떼고 나면 한 명 한 명 기쁜 마음으로 축하해주었을 것입니다.

책례의 오색송편

우리나라는 정해진 만큼의 시간이 지났다고, 또는 특정한 나이가 되었다고 보편적으로 행하는 행사가 그리 많지 않았습니다. 그 대신 개개인의 그릇과 노력에 따라 통과의례를 행하는 경우가 많았지요. 신체적 성장이나 나이를 먹는 것보다 중요한 것이 바로 내실을 다지는 것이었기 때문이지요. 책례에는 주로 속이 꽉 찬 송편이나 경단, 혹은 색색의 백설기 등을 차렸고, 계절에 따라 국수장국이나 떡국 등을 내기도 했습니다. 특히 속을 채우거나 비운 오색송편을 올렸는데, 오미자의 붉은색과 치자의 노란색, 쑥의 녹색과 포도의 자주색, 쌀의 흰색 등 다섯 가지 색으로 빚어 만물의 조화를 나타냈습니다. 그 시절에는 스승이 그저 글자를 알려주고 책을 읽게 해주는 존재만이 아니라 속을 꽉 차게, 혹은 인생을 다채롭게 만들어준다는 믿음이 있었지요. 그 믿음이 책례의 상차림으로 이어진 것일 테고요.

072

간소한 책례 선물

어떤 선물이든 그 의미를 제대로 알고, 넘치지 않게 준비하면 부담이 아닌 감동이 될 것입니다. 마음이 담긴 선물을 전하는 것도 다른 이의 눈치를 봐야 하는 시대를 살고 있지만, 과하게 변질되지만 않는다면 이러한 책례는 지켜나갈 만한 전통입니다. 배움의 가치를 아이들이 경험하게 해주고, 가르침의 행복을 선생님이 느끼게 해주는 시간이니까요. 속이 꽉 차게 만들어주서서 감사하다는 송편이라니요! 옛 선물에는 하나하나 특별한 의미가 있어 입가에 미소를 짓게 합니다.

책례가 지닌 다정한 의미를 오늘날에도 살려보면 어떨까요? 교과서 한 권을 떼는 학년 말에 모두들 둘러앉아 가르쳐주서서 감사하다는 인사를 선생님께 드리고, 그동안 수고했다는 칭찬을 반 친구들과 나누며 간단한 다과를 나누어 먹는 것으로 충분하겠지요. 교과서야 매년 받는 것이겠지만 그저 1년이 지났기 때문이 아니라, 책 한 권을 온전히 내 것으로 만든 후 갖는 책례의 시간. 세월이 흘러도 특별한 기억으로 남을 것입니다.

기본 매듭 포장법

밀폐 용기가 아닌 도자기 합은 대부분 뚜껑이 고정되지 않는 것이 많습니다.
이때 너무 헐겁게 포장할 경우 고정이 안 돼 조심스럽겠지요. 리본 하나를 단단히 묶어
만들어내는 기본 매듭법은 단단하게 고정할 수 있는 포장법입니다. 다른 포장법에도
응용하는 가장 기본이 되는 매듭법이기도 합니다.

1 보자기를 마름모꼴로 펼친 후 한가운데에 송편을 담은 도자기 합을 놓습니다.

2 아래쪽 모서리를 위로 접어 올리고, 위쪽 모서리를 아래로 접어 내립니다.

3 겹보자기인 경우 사진과 같이 반대쪽 색이 보이도록 끝부분을 뒤집어도 좋습니다.

4 왼쪽 모서리와 오른쪽 모서리를 맞잡고 한 번 단단히 묶습니다.

5 한 번 더 묶습니다. 이때 너무 세게 묶지 않아야 모양이 잘 잡히고, 풀기에도 어렵지 않습니다.

6 양쪽 리본 길이를 맞추어가며 매듭을 정리합니다.

손수건 가방

다과나 주먹밥, 음료만 담은 간식 가방이 필요할 때 즉석에서
만들기 좋은 손수건 가방입니다. 간단한 바느질로 금세 만들기도 하지만, 사용한 뒤
다시 손수건으로 손쉽게 되돌릴 수 있어 유용합니다.

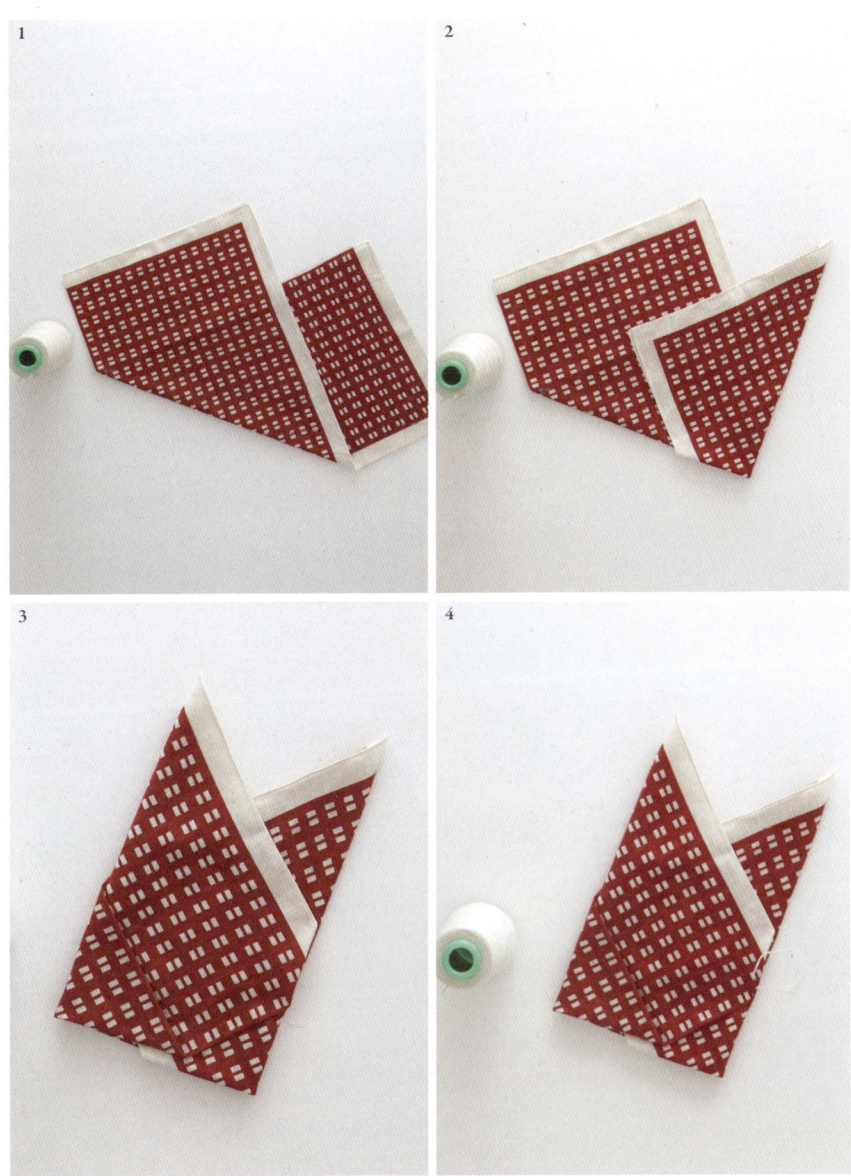

1 반으로 접은 손수건을 다시 절반가량 접어 올립니다.

2 오른쪽 모서리를 왼쪽으로 접습니다.

3 왼쪽 모서리를 오른쪽으로 접은 뒤, 튀어나온 부분을 안쪽으로 집어 넣습니다.

4 대여섯 땀 정도 성글게 바느질한 뒤 바느질한 부분을 제거하면 완성.

好

성
년
례

단단한 어른으로 거듭나기를

결혼을 일찍 하던 예전에는 남자는 '관례冠禮'라 하여 15~20세에, 여자는 '계례笄禮'라 하여 15세 전후에 길한 날을 택해 성년례를 행했습니다. 요즘은 남녀 구분 없이 만 19세가 되는 해 5월 셋째 월요일을 성년의 날로 기념하지요. 지금은 향수나 장미를 선물하는 가벼운 기념일 정도로 여기지만, 예전에는 성년례를 인생에서 매우 중요한 관문으로 여겼습니다. 서양의 성년의 날과 가장 큰 차이는 '정신의 성숙'을 강조하는 예식이라는 점입니다. 아이의 세계에서 어른 세계로 들어가는 통과의례이지요. 물론 형편에 따라 결혼식 전에 성년례를 간략하게 행하는 경우도 있었다고 합니다. 여자들이 결혼하는 것을 "머리 올린다"라고 표현하는데, 댕기 머리를 틀어 올림으로써 성년례를 행한 뒤 혼례를 치렀기 때문이라고 하지요.

규모가 크든 작든, 조금 일찍 하든 늦게 하든 아이에서 어른으로 거듭나는 행사를 많은 사람 앞에서 치르는 것은 큰 의미가 있습니다. 예전에는 미혼일지라도 관례를 마치면 어엿한 성인으로 대우해주었습니다. 비록 어린 남자(혹은 소년)일지라도 관례를 마치면 상투를 틀었고, 어른 복장을 제대로 갖추어 입었다고 하지요. 그렇게 어엿한 어른으로 존중해준 것입니다. 물론 모든 이가 관례를 마쳤다고 갑자기 어른이 되지는 않겠지만 가정과 마을, 국가 차원에서 어른으로 존중해주었다는 데 큰 의미가 있을 테지요.

격려와 축복의 자리, 성년례

옛 성년례 의식을 살펴보는 것만으로도 '어른 됨'의 의미, 이를 축하하는 의식의 의미를 알 수 있을 것입니다. 남자의 관례를 위주로 살펴봅니다.

시가례_어른의 평상복을 입고 성년의 의무와 도리를 일깨우는 의식
시가 축사 : "좋은 달 좋은 날에 처음으로 관을 씌워 어른이 됨을 축하하니 이제부터는 어린 마음을 버리고 어른의 덕을 지녀야 하느니라. 그리하면 건강하게 오래도록 하늘의 큰 복을 받게 될 것이니라."
재가례_어른의 외출복을 입고 가정에서 부모, 형제와 더불어 효도하고 우애 있게 살 것을 일깨우는 의식
재가 축사 : "좋은 달 좋은 날에 거듭 관을 씌우니 이제부터는 항상 몸가짐을 신중히 해야 하느니라. 덕이 있는 몸가짐으로 부모님께 효도하고 형제와 우애 있게 지내도록 해야 하느니라."
삼가례_어른의 예복을 입고 친구, 이웃과 더불어 성실하게 밝은 사회를 이루어나가야 함을 일깨우는 의식
초례_성인이 되었음을 축하하며 술을 마시도록 허락하고, 술 마시는 법도를 교훈으로 내리는 의식. 이때 몸을 돌려 술을 맛본다.
초례 축사 : "술은 향기롭지만 과음하면 실수하기 쉽고 몸에 해가 되니 항상 분수를 지켜 몸에 알맞도록 마셔야 하느니라."

와인처럼 만든 해를 기록하는 술은 특별한 순간을 기억하기 위한 선물로 제격입니다.
아이가 태어난 해에 출시한 술을 준비해두었다가 아이의 성년례나 결혼식 때 나누어 마시는 것도 의미 있겠지요.

성년례의 좋은 뜻을 가정에서 나름의 방식으로 재현해보면 어떨까요.
성인이 된 것을 축하하며 어른 옷차림을 준비해주고, 주도를 알려주며,
가정과 사회에서의 역할에 대해 인생을 먼저 산 선배로서 조언을 건네는 것으로 말이지요.

어른의 옷차림

성년례에서는 성인의 의무와 가정에서의 역할, 사회 일원으로서의 노력, 술을 대하는 법까지 '어른의 도리'에 대해 일깨우고, 많은 이들 앞에서 약속을 받습니다. 그렇게 큰 예식을 치르면서 옷차림과 말투, 걸음걸이까지 달라집니다. 절을 올리면 앉아서 받던 어른도 이제는 답배答拜를 하게 됩니다. 이렇듯 소년과 소녀를 대하던 주변 사람들의 행동 역시 달라지고, 사회와 국가에서 할 수 있는 일의 범위도 달라집니다. 앞으로 어른으로 존중하고 활약을 기대하겠다는 축하의 자리, 어려운 시절을 잘 살아내라는 격려의 자리, 부모와 친지와 이웃이 평생 비빌 언덕이 되어주겠다는 약속의 자리가 바로 성년례입니다.

옛 성년례에서는 남자의 경우 옷을 세 번 갈아입었습니다. 일상복과 외출복, 그리고 예복까지, 즉 일상부터 특별한 순간에 이르기까지 나누어 옷을 새로 준비했지요. 땋은 머리도 상투를 틀어 올려 관을 쓰고, 여자는 쪽을 찝니다. 요즘에는 교복을 제외하고는 어른과 학생의 옷차림이 큰 차이가 없지만, 살면서 중요한 행사 때 입을 정장과 구두, 돈을 잘 관리하기 위한 지갑, 시간을 관리하기 위한 시계, 매너를 갖출 수 있는 손수건으로 이 시대 소년 소녀를 위한 성년례를 준비해주면 어떨까요. 단정한 예복을 갖추어 몸을 단장하는 것이 그저 멋 내는 것 이상의 의미를 지니고 있다는 사실도 함께 말해주어야겠지요.

인생의 첫 술을 마시는 '초례'

성인이 되면서 달라지는 점 중 하나는 성인에게만 허락된 행동을 할 수 있다는 것입니다. 음주와 흡연이 대표적이지요. 하지만 우리나라에서는 유독 이런 '금기시하는 것'에 대해 나서서 설명하거나 가르쳐주는 어른이 별로 없습니다. 술자리 매너 역시 마찬가지입니다. '주도酒道'라 하여 바르게 술을 즐기는 법, 어른과의 술자리에서 예를 갖추는 법, 더 나아가 절제하는 법 등을 교육하는 시간이 꼭 필요하다고 생각합니다. 그 가르침을 예전에는 성년례에서 행했습니다. 인생의 첫 술을 마시는 '초례初禮'를 통해서 말이지요. 어른들 앞에서 고개를 돌려 술을 마시면서 술에 대한 가르침을 받았습니다. 술 종류와 즐기는 법, 상황에 따라 즐기기 좋은 술 등 술을 멋지게 다루는 법을 가르쳐준다면 향으로 맛으로 즐기는 술자리를 자연스레 익히지 않을까요. 이제 성인으로서 함께 술을 나눌 수 있게 된 이를 위해 술잔을 선물해주면 좋을 것 같습니다. 즐길 줄 아는 술자리는 삶의 활력소가 되기도 하므로 분명 의미 있고 좋은 시간이 될 것입니다.

포장이 곧 가방이 되는 손잡이 포장법

격식을 차리지 않아도 되는 자리의 보자기 포장은 좀 더 실용적인 모양새여도 좋습니다.
손잡이 포장법으로 보자기를 묶으면 그 자체로 쇼핑백 역할까지 해낼 수 있습니다.

1 보자기를 마름모꼴로 펼친 후 한가운데에 와인 잔 담은 상자를 놓은 뒤,
아래쪽 모서리를 접어 올리고 위쪽 모서리는 접어 내립니다.

2 왼쪽 모서리와 오른쪽 모서리를 맞잡습니다.

3 한 번 단단히 묶습니다.

4 묶은 양쪽 모서리를 동시에 바깥쪽으로 돌돌 만 뒤 끝부분을 두 번 묶어 고정합니다.

好
혼례

끝이 아닌 시작임을
마음에 담아

예전의 결혼이나 출산은 동네 경사와 같아서 집안 어르신과 이웃의 도움으로 별도의 공부랄 것도 없이 자연스레 진행되었지요. 태어나서부터 자라고, 연을 맺고, 혼례를 치르고, 아이를 낳고, 잔치를 벌이고, 장례를 치르는 등 삶의 대소사가 물 흐르듯 이루어졌지요. 하지만 지금은 어떻게 하는 것이 옳은지 도통 감을 잡을 수 없고 물어볼 곳도 없는 것이 사실입니다. 이 장에서는 옛 남녀가 부부의 연을 맺는 과정을 설명하려고 합니다. 좀 길고 복잡하지만 요즘 우리에게 결혼의 참의미는 무엇인지, 결혼을 준비하면서 꼭 필요한 것은 무엇인지 옛 어른의 혼례 과정을 살펴보는 것만으로도 해답을 찾을 수 있을 것이라는 마음에서입니다. 옛 혼례 과정을 살펴보며, 그 안에 담긴 뜻을 곰곰 생각해보면 하나하나 따뜻하고 정겹습니다. 과하지 않게, 변질되지 않게 잘 지켜나간다면 얼마든지 아름답고 기품 있는 결혼 문화를 만들어갈 수 있을 것입니다.

〈문관평생도 10폭 병풍〉 중 '혼례', 국립민속박물관 소장

결혼이라는 제도가 오랜 시간 지속되면서 혼수와 예물은 어떤 식으로 준비해왔을까요? 옛 문헌을 살펴보면 고구려 때 예단은 돼지고기와 술 정도였고, 재물이나 금품이 오가는 것을 부끄럽게 여겼다는 기록이 있습니다. 신라의 혼인 예물은 음주와 식사가 있는 연회로 대신했고, 고려 때 상류층은 비단을 혼수로 마련했지만 서민층에서는 잔치에 필요한 쌀과 술 등이 혼수의 전부였다고 합니다. 다만, 조선 시대에 들어서는 신랑이 보내는 함과 신부가 보내는 혼수의 품목이 늘어 가정에 부담이 되기도 하며, 많은 이가 서로 비교하면서 사치와 낭비를 조장한다는 기록이 등장합니다. 하지만 이때의 혼수와 예물도 형편에 따라, 소신에 따라 다르게 준비했는데, 이를 안타깝게 생각하는 이도 존재했음을 문서로 확인할 수 있습니다.

혼사에 재물을 논하는 것은 마침내 남편과 아내의 도리를 망치는 것이다.
 _이덕무(1741~1793), 《사소절士小節》

옛 혼례 규범과 요즘 우리가 준비하는 결혼 과정은 내용과 순서 면에서 많이 다릅니다. 사실 요즘 시대에 옛 방식 그대로 결혼을 준비하는 것은 어려운 일일 테지요. 하지만 그 내용을 살피다 보면 우리가 잠시 잊었을지도 모르는 '혼인婚姻'의 본래 뜻을 찾을 수 있습니다. 전통 혼례 순서에 대해 잠시 짚어보도록 하겠습니다. 또 요즘 혼례 예법에 맞춘 합리적이고 실용적인 결혼 준비 과정도 알려드립니다.

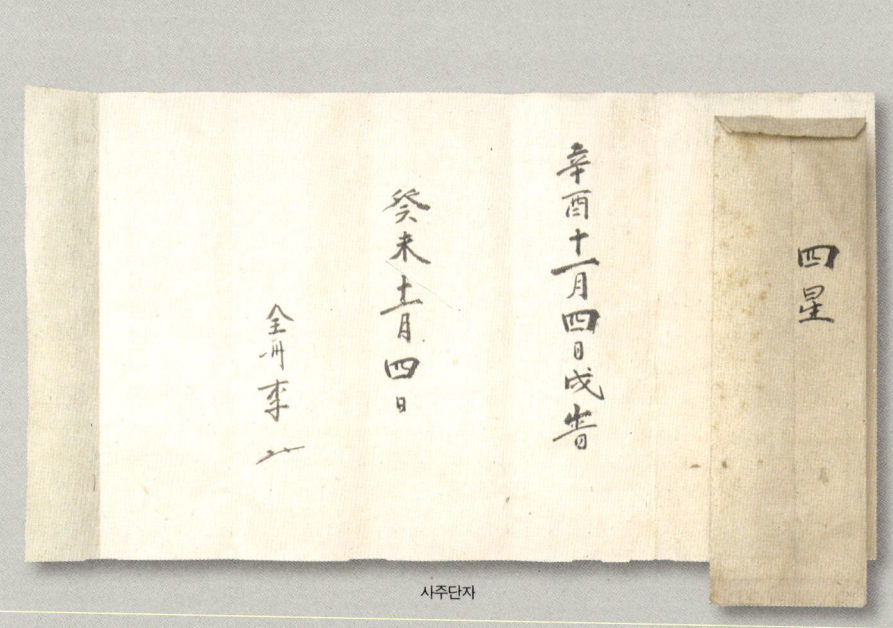

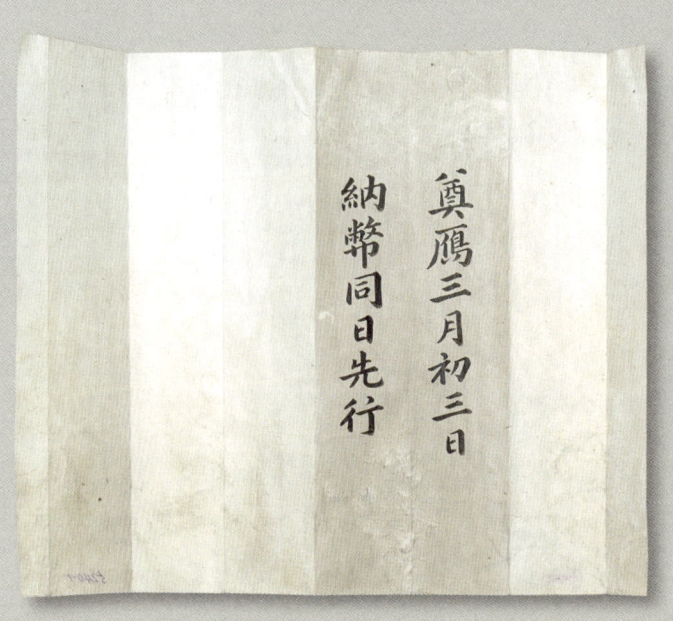

사주단자

연길

094

양가의 혼인 의논

사마온공이 말하되, 무릇 혼인을 의논함에는 신랑, 신부의 성행性行과 가정의 법도가 어떠한가를 살펴야지 부귀를 흠모欽慕하지 말라. 신랑이 진실로 현명하다면 지금 비록 빈천하지만 다음 날 부귀롭게 되지 않는다 할 수 없고, 진실로 불성不省하다면 지금 비록 부자로 넉넉하여도 어찌 다음 날 빈천하지 않겠느냐.

_이재(1680~1746), 《사례편람四禮便覽》 중 '의혼'

혼담이 오고 간 남녀 간에 몇 가지 정보를 주고받는 것으로 혼인 준비를 시작합니다. 얼굴도 보지 못한 채 부부의 연을 맺는 경우가 많았기에 혼인이 가능한지 점처보기 위해 사주가 꼭 필요했다고 합니다. 남자 집에서 여자 집으로 사주와 청혼서를 적어 보내는 납채納采가 모든 예식의 시작입니다. 요즘의 약혼과도 같은 과정이지요. 남자의 사주를 받아본 여자 집에서는 혼인 날짜를 잡아 남자 집으로 보냈는데, 이를 연길涓吉이라 합니다.

참고 자료: 《혼례》 중 '연길', 국립민속박물관

요즘은 결혼 날짜를 정할 때 연길 서장을 보내지 않으니 이 과정에 대해 들어보지 못한 채 결혼을 준비하는 이도 많을 것입니다. 하지만 전화도 없고, 이동 수단도 여의치 않아 소식 전하는 것을 큰일로 여기던 시대에는 혼례를 치를 때 가장 신중히 진행한 부분이었을 것입니다.

남자 집에서 사주를 적어 보내던 '사주단자', 여자 집에서 혼일 날짜를 잡아 남자 집에 보내던 '연길 서장', 국립민속박물관 소장

함을 보내다

연길 서장을 보낸 후에는 납폐, 즉 신랑 집에서 요즘의 '함'에 해당하는 혼인 선물을 보냈습니다. 주로 함을 두 개 준비해 하나에는 납폐서를, 다른 하나에는 폐백에 쓸 비단 등을 넣었지요. 참고 자료: 《혼례》 중 '연길', 국립민속박물관 이 때 함에 들어가는 예물은 지역에 따라, 신분에 따라, 가정 형편에 따라 다르게 준비했지만 주로 비단과 이불감을 넣었다고 합니다. 때로는 옷감과 함께 신부가 옷을 지을 수 있도록 침선비針線費도 넣었지요. 또 솜, 곡물과 오색실, 갈대나 수수를 함께 준비했습니다.

전통적으로 함은 신랑이 직접 지고 가지 않고, 동행하지도 않았습니다. 혼례 하루 전날 함진아비가 지고 갔습니다. 결혼식을 신부 집에서 올렸기 때문에 결혼 전날 함진아비가 신부 집에 가서 함을 전하고, 신랑은 근처에서 머문 뒤 다음 날 결혼식을 올리는 것이 수월했다고 합니다.

지금은 함에 비단 대신 미리 지은 한복이나 양장을 넣어 보내곤 하지요. 요즘의 함 물목을 대략적으로 적어보면 한복이나 정장, 화장품, 예물, 그 외 신부를 위해 준비한 선물 등이 있고, 선물에 곁들여 목기러기와 오곡주머니 등으로 함을 꾸립니다. 그 후 함이나 여행 캐리어를 청홍 보자기로 곱게 묶어 전달하면 됩니다. 요즘은 나무로 만든 함 대신 여행 캐리어로 대체하는 경우가 많고, 어깨에 짊어지고 가지 않아 무명 어깨끈은 생략하기도 합니다.

결혼의 어떤 요소보다 전통 모습을 지켜가는 것이 바로 함입니다. 함에 들어가는 용품은 집집마다, 지역마다 조금씩 다르긴 하지만 대체로 다음 사항을 지켜가고 있습니다.

함 준비물

오곡 주머니

솜과 갈대

목기러기

오색실

혼서지

거울

예물 목록지

860

함 준비

1. 오곡 주머니 준비하기

다섯 가지 색상의 복주머니에 다섯 종류의 곡식(찹쌀, 팥, 콩, 고추씨, 목화씨)을 담습니다. 이 곡식은 새롭게 시작하는 부부가 첫 밥을 지어 먹을 수 있도록 준비하는 것입니다.

2. 목기러기 포장하기

목기러기는 신부가 평생 동안 소중히 간직해야 합니다. 방 한쪽에서 조용하고도 묵묵히 부부의 삶과 함께할 기러기 한 쌍에게는 좋은 옷을 입혀주는 것이 좋습니다. 평생 함께해도 방 안 풍경을 해치지 않도록 고운 본견 보자기로 기러기를 포장합니다.

3. 함에 넣을 물품 포장하기

함에는 전통적으로 혼서지와 예물, 그리고 예물 목록지를 차례로 넣었습니다. 예물 중에는 청색·홍색 비단이 있었기 때문에 지금도 청색과 홍색 보자기나 한지로 한복을 감싸서 넣기도 합니다. 하지만 요즘은 함을 보내는 시기도, 그 안의 구성품도 모두 달라졌기에 함 꾸리는 것을 너무 부담스러워하지 않아도 됩니다.

나무로 만든 함 대신 여행 캐리어에 함을 꾸리는 것도 시대에 맞춰 합리적이고 실용적으로 변한 형태라고 생각합니다. 캐리어에 얇은 보자기나 한지를 깔아 내부를 보호한 뒤, 신부를 위해 준비한 예물을 곱게 포장해 넣습니다. 예물의 가짓수나 품목 역시 가정마다 다릅니다. 보자기로 포장한 예물과 오곡 주머니를 보기 좋게 놓고, 솜과 갈대를 이용해 예쁘게 꾸밉니다. 마지막으로 기러기보로 감싼 목기러기를 놓은 뒤, 제일 윗부분에 혼서지를 얹어 마무리합니다. 오복을 뜻하는 오색실, 그리고 패물과 함께 선물하곤 했다는 거울도 함께 담습니다.

4. 함 포장하기

예나 지금이나 함은 붉은색 보자기 혹은 청색과 적색 배색의 보자기를 사용해 포장합니다. 전형적인 진파랑과 진빨강이 아니더라도, 붉은색 계열과 푸른색 계열의 보자기로 연출하면 세련되면서도 의미는 그대로 담을 수 있습니다. 함은 꽁꽁 묶어 봉하지 않는다고 합니다. 끈이나 매듭으로 동여매는 등 풀기 힘들게 포장하지 않는 것이 좋습니다. 술술 잘 풀리도록 포장하고 원래는 '근봉謹封'이라 적힌 띠를 둘러 마무리했습니다.

함 끈은 함진아비가 나무 함을 지고 가기 위해 만든 어깨끈입니다. 만약 신랑의 지인이 함을 지고 간다면 함 끈을 하는 것이 맞고, 신랑이 직접 함을 지고 간다면 함 끈을 꼭 해야 하는 것은 아닙니다. 함 끈은 무명천을 길게 꼬아 묶는데, 예전에는 이 끈을 잘 보관해두었다가 나중에 아이 기저귀로 사용했다고 합니다.

기러기를 바치는 전안례

전통 혼례에서는 혼례 날 신랑이 신부 아버지에게 기러기를 바치는 전안례奠雁禮가 본격적인 예식의 시작이었습니다. 참고 자료:《혼례》중 '신행', 국립민속박물관 요즘 함에 목기러기를 넣는 것 역시 여기에서 비롯한 것이지요. 기러기는 짝을 지어 평생 동안 의좋게 사는 동물이기에 부부의 믿음·화목·정절로 여겼고, 이 전안례는 전통 혼례에서 빠지지 않는 중요한 예식이었습니다. 전안례를 시작으로 혼례의 모든 과정 중 가장 중요한 대례大禮가 행해집니다.

폴 자쿨레Paul Jacoulet(1896~1960)가 제작한 다색 목판화 중 '신부', 국립민속박물관 소장

옥셤옥낭ᄌᆞ빈혀

옥셤옥ᄶᆞ야머리빈혀

은ᄯᅩ금미쵹ᄌᆞᆷᄯᅩ야머리빈혀
옥ᄶᆞ민화ᄌᆞᆷ일민화ᄌᆞᆷ일
진쵹ᄌᆞᆷᄯᅩ야머리빈혀

은ᄯᅩ금ᄋᆞ듁ᄌᆞᆷᄯᅩ야머리빈혀

츈금민머리빈혀

은낭ᄌᆞ빈혀

밀화ᄫᅡᄎᆞ화지
박금화ᄫᅡᄎᆞ화지

은쵹더일벌의

갈너시 ᄆᆞᆯ

츙화식 셩슈쳐고리

연듁 셩고사쳐고리

옥식 ᄯᅥ쵸듁젹삼

다홍 인화사ᄭᅥᆸ치마

보홍 셩고사웃치마

박 셩고사ᄆᆞᆯ바ᄒᆞ

남 셩고사치마ᄎᆞ

남 외난치마ᄎᆞ

옥식 외듁치마ᄎᆞ

옥식 화사치마ᄎᆞ

옥식 화ᄌᆞ촌닌치마ᄎᆞ

보홍ᄎᆞᆫ하ᄆᆞ다치마ᄎᆞ

박 쵹고사난쵹거슷

박ᄯᅩ직한바ᄒᆞ

박진쵹사ᄭᅥᆷ바ᄒᆞ

듁 항나ᄭᅥᆸ바ᄒᆞ

낭쵹간바ᄒᆞ
셩슈ᄭᅥᆸ바ᄒᆞ   이
셩고사ᄭᅥᆸ바ᄒᆞ   이
ᄯᅥ쵸난바ᄒᆞ   이
박 강낭쵸쇽것   이

회식동양목   일으듁
옥식동양목   일ᄂᆞᆫ
거회   이십군
노방   일필
다홍으번간보료   일
다홍으더난방젹   일방
화록삼ᄉᆞᆼ장   일
화록의ᄭᅥ리   일

혼수와 예단

혼례식을 마친 신랑과 신부는 주로 사흘, 지역이나 상황에 따라 1년까지도 신부 집에서 신혼을 보낸 뒤 신랑 집으로 떠납니다. 이 과정을 우귀于歸라 합니다. 신부 입장에선 진짜 시집을 가는 것으로 신행新行이라 하며, 이때 들고 가는 것이 바로 '혼수'입니다. 자신의 살림살이와 시댁 선물, 남편 선물 등으로 가득한 짐이지요.

요즘은 남녀가 결혼을 결심하면 양가 부모에게 인사드린 후 상견례, 택일, 예식장 선택 등을 거치며 결혼 준비를 합니다. 이는 옛 혼례 과정의 '의혼議婚'에 해당한다고 할 수 있습니다. 그 후 결혼에 필요한 예복, 신혼여행, 신혼집 마련 등을 거치며 본격적인 예식과 예식 이후의 삶을 준비합니다. 이 과정은 옛 혼례 과정 중 납폐와 우귀에 해당합니다. 이렇듯 옛 혼례 과정 중 일부는 순서가 바뀐 채 오늘날에도 지켜지고 있습니다. 결혼을 앞두고 집과 살림살이를 마련한 뒤, 신부는 시댁 식구들에게 인사하며 예단을 드리고, 신랑은 신부를 위한 선물을 마련해 함에 넣어 전달하는 것이지요.

신부의 혼수품을 기록해 놓은 《혼수 물목》. 비녀, 반지, 저고리, 치마, 옷감, 방석, 화류삼층장 등의 물목과 수량을 색지 위에 한글로, 세로 쓰기로 적고, 절첩본折帖本 형태로 제본한 문서입니다. 국립민속박물관 소장 많은 이가 결혼 준비를 할 때 양가가 예를 갖추어 예단과 함을 주고받는 과정을 특히 어렵게 여기는 것 같습니다. 사실 그 의미를 간단히 짚으면 요즘의 '혼수'는 결혼식 이후 신랑 집으로 시집가면서 준비하던 살림살이이고, 요즘의 '예단'은 시댁 식구들을 위해 준비한 선물이지요. '함'은 신부를 위해 시댁에서 준비한 선물이고요. 이건 모두 허례허식이 아닌 새로운 인생을 시작할 때 지켜야 할 '예의'가 아닐까 생각합니다. 하물며 남의 집에 갈 때도 빈손으로 가지 않는데, 평생을 함께 지낼 가족에게 처음 인사를 하면서 일부러 빈손을 고집하는 것이 더 억지스러운 일 아닐까요? 올바른 결혼 문화가 무엇인지 혼란스러운 시대입니다만, 많은 이의 고민을 통해 우리 결혼 문화가 고상하고 기품 있게 자리 잡기를 소망합니다.

예단禮緞의 본래 뜻은 '예물로 보내는 비단'입니다. 결혼 전 신랑이 신부 집으로 귀한 비단을 비롯한 예물을 보내면, 그 답례로 바느질과 자수 솜씨를 갈고닦은 신부가 시댁 식구들과 신랑의 옷, 침구, 친척을 위한 옷가지와 버선 등을 정성껏 준비했다고 합니다. 반상기와 이부자리 역시 빠지지 않았습니다. 참고 자료: 《혼례》 중 '의양단자', 국립민속박물관 이때 그걸 보고 신부의 솜씨와 정성을 판단했다고 하지요. 어렵고 조심스러우나 한편으로는 참 로맨틱한 결혼 선물이라고 생각합니다.

纖維腰物

父

요즘은 더 이상 비단이 귀하지 않아 선물로 주고받지 않고, 바느질을 연습하며 결혼 날만 기다리는 여인도 존재하지 않습니다. 시대가 변함에 따라 예단 종류와 형태도 많이 바뀌어가고 있지요. 그러나 지금까지도 꾸준히 예단 품목으로 챙기는 것이 시댁 식구들에게 선물할 이불과 반상기, 수저입니다. 그리고 결혼을 준비하는 데 쓰는 현금이 예단 품목에 포함되는 경우도 많지요. 이 예단비에 대해서는 의견이 분분합니다. 요즘에는 결혼 적령기에 경제적으로 독립해 신혼집이며 살림살이를 마련하고 일가를 이루는 일이 어렵게 느껴지는 현실입니다. 하지만 부모의 도움으로 새로운 가정을 꾸려 독립하는 일은 예전부터 있어왔지요. 가정을 이루는 데 필요한 돈을 양가에서 마련해 주거니 받거니 한 것이 요즘의 예단비나 봉채비에 해당한다고 볼 수 있습니다. 그렇기 때문에 경제적으로 독립한 경우라면 예단비는 생략해도 괜찮겠지요.

전통 방식 그대로 예단과 함을 준비하는 것이 오늘날 과연 의미가 있을까 싶습니다. 그보다는 그 뜻을 알고 적절하게 변형하는 유연함이 더 중요하지 않을까요. 시부모가 차를 즐긴다면 찻잔을, 등산을 좋아한다면 등산복을 마련해드릴 수도 있겠지요. 상황과 형편, 그리고 시부모의 성향에 따라 얼마든지 바뀔 수 있는 '선물'입니다. 신부가 받는 결혼 선물 역시 보석과 한복이 아닐지라도 꼭 가지고 싶은 조명등이나 식탁이 될 수도 있고요.

그래도 전통 예법을 지켜 예단을 준비하고 싶다면 다음 내용을 참고하면 좋을 것입니다. 전통적으로 시댁 어르신에게 드리는 선물로 중요하게 손꼽은 이불, 반상기, 은수저, 그리고 예단비 포장하는 방법을 소개합니다.

옛 결혼 때는 친척들 버선 한 켤레라도 선물했다고 하지요. 신부가 시집오는 날 이웃에 사는 일가친척들이 모여
인사를 직접 받는 경우가 많았기 때문이겠지만, 이만큼 정겨운 인사가 있을까 싶습니다.
결혼 전이나 후, 시댁에 인사드리러 갈 때 친척을 볼 기회가 있다면 양말이나 손수건, 혹은 간단한 다과라도 준비해 가서
인사를 드리면 어떨까요. 가족이라는 이름으로 만난 분들께 다정한 인사를 건네는 기회로 생각하면 좋을 것 같습니다.

호호당 꽃 매듭 포장법

부피가 큰 이불을 단단하게 묶어 전달하기 위해 꽃 모양으로 매듭을 지어 포장합니다.
이불 종류와 구성에 따라 다르지만 보통 160×160cm의 커다란 보자기가 필요합니다.
반상기는 중간 사이즈(80×80cm 정도)나 큰 사이즈(110×110cm 정도)의 보자기를
사용합니다. 여러 개의 물품을 한 세트로 구성해 준비할 경우 전체적인 조화를 생각해
보자기와 포장법을 선택합니다. 예단을 같은 소재의 보자기로 각각 포장하고, 포장법도 너무
다양하게 섞지 않으면 단정하고 단아하게 느껴질 것입니다.

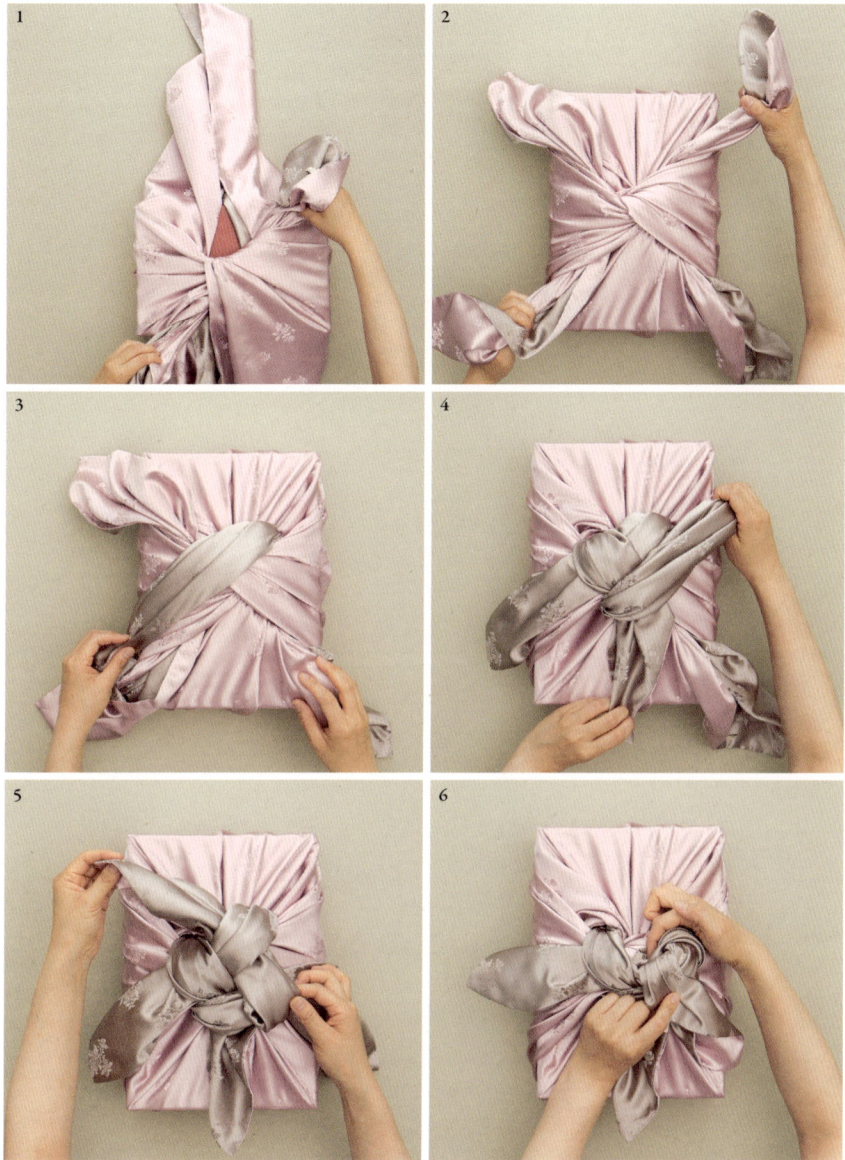

1 보자기를 마름모꼴로 펼친 후 한가운데에 반상기를 담은 상자를 놓습니다.
왼쪽과 오른쪽 모서리를 맞잡아 묶습니다.

2 위쪽과 아래쪽 모서리를 맞잡아 묶습니다. 이때 사진과 같이 리본이 네 방향으로 향하도록 합니다.

3 오른쪽 윗부분의 리본을 반대쪽으로 접어 내립니다.

4 시계 반대 방향으로 돌면서 왼쪽 윗부분의 리본은 반대쪽으로 접어 내리고,
왼쪽 아랫부분의 리본은 반대쪽으로 접어 올립니다.

5 마지막 오른쪽 아랫부분의 리본은 반대쪽으로 접어 올리면서 ③에서 접은 리본의
아래쪽으로 통과시켜 줍니다.

6 다시 시계 반대 방향으로 돌면서 리본 모서리를 구멍 안으로 집어 넣어 정리합니다.

단정한 복 매듭 포장법

복 매듭은 단정하고 담백하게 연출하기 좋은 포장법입니다. 매듭 부분에 꽃이나 카드 등을
꽂기도 편리해 책을 포장하기에도 좋고, 포크나 젓가락을 꽂아 이동하기 편리해 도시락
포장으로도 좋습니다. 작은 사이즈(55×55cm 정도)의 보자기를 사용합니다.

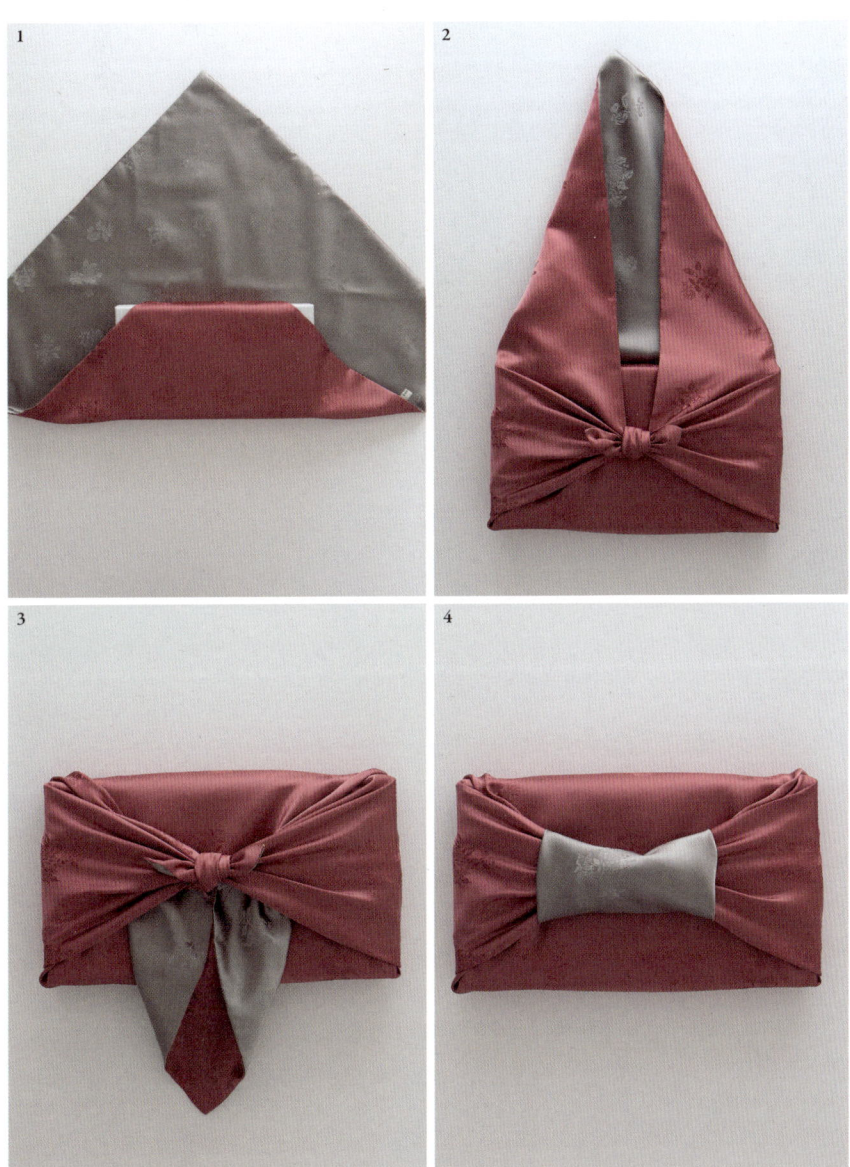

1 보자기를 마름모꼴로 펼친 후 한가운데에 은수저 담은 상자를 놓습니다.
아래쪽 모서리를 위로 접어 올려 상자 밑에 집어넣습니다.

2 왼쪽 모서리와 오른쪽 모서리를 맞잡아 두 번 묶어 기본 매듭을 만듭니다.

3 위쪽 모서리를 한가운데의 기본 매듭 아래로 넣어 빼냅니다.

4 다시 접어 올려 기본 매듭 아래로 집어넣어 깔끔하게 정리합니다.

끈을 이용한 포장법

작은 사이즈(55×55cm 정도)의 보자기를 사용합니다. 예단비는 수표로 준비할 경우
주로 봉투에 담아 예단보에 넣어 상자에 담고, 현금으로 준비할 경우 봉투나 상자 없이
한지로 감싼 뒤 예단보에 넣어 그대로 보자기 포장을 하기도 합니다. 크기가 일정하지 않은
포장도 수월하게 할 수 있는 끈을 이용한 포장법으로 예단비를 준비합니다.
보자기로 감싼 뒤 옷고름을 묶듯 끈으로 묶으면 완성됩니다.

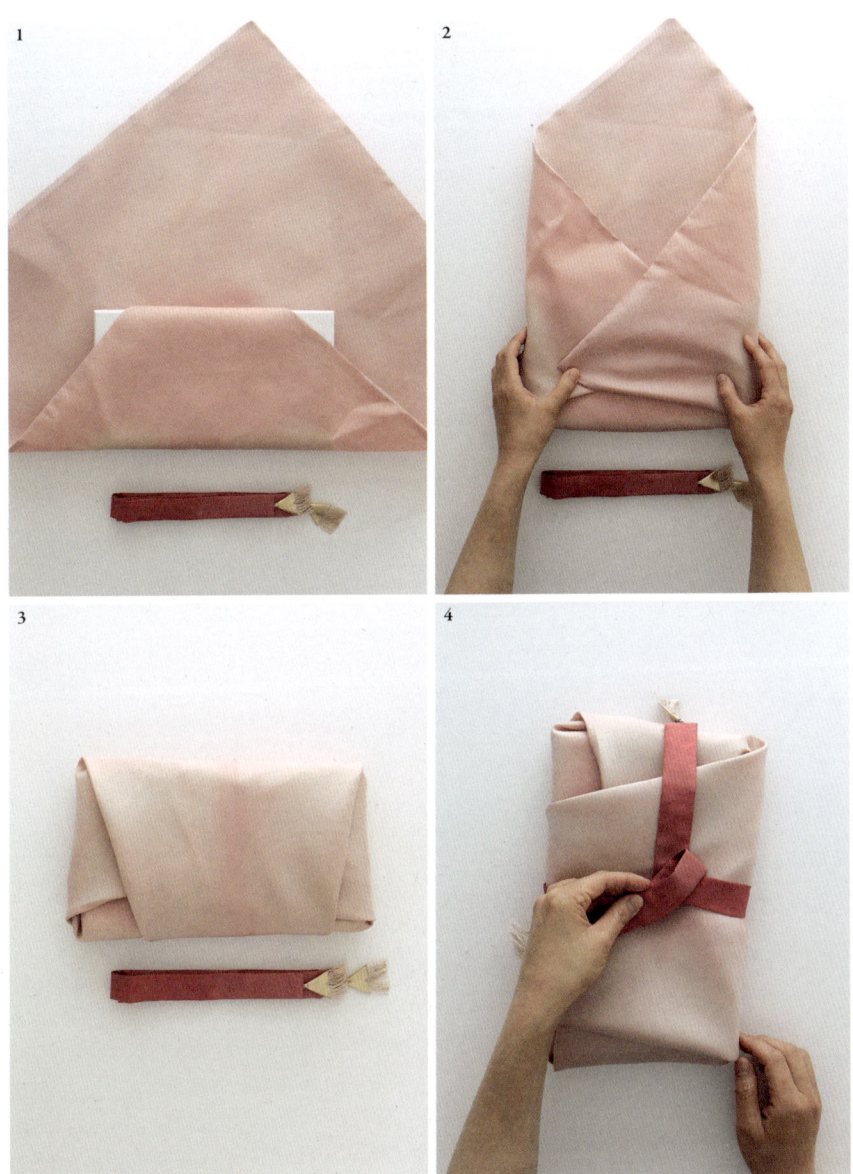

1 보자기를 마름모꼴로 펼친 후, 한가운데에 예단비를 넣은 상자를 놓습니다.
아래쪽 모서리를 위로 접어 올려 상자 밑에 집어넣습니다.
2 왼쪽 모서리를 오른쪽으로 접은 후, 오른쪽 모서리를 왼쪽으로 접습니다.
3 위쪽 모서리를 접어 내려 상자 밑으로 집어넣습니다.
4 끈을 한 바퀴 둘러 묶어줍니다. 옷고름을 매듯 묶거나, 취향대로 리본으로 묶어도 좋습니다.
리본 길이를 예쁘게 정리해 마무리합니다.

폐백과 이바지

옛날에는 시댁에 도착한 신부가 친정에서 싸 온 대추, 밤, 육포, 닭 등을 차려 시부모에게 인사를 드렸는데, 이것이 바로 '폐백幣帛'입니다. 새 며느리가 시부모와 시댁 어른들에게 가족의 일원으로 드리는 첫인사이지요. 이때 드리는 특별하고도 정성스러운 음식을 '폐백 음식'이라 하고, 폐백 드리는 일을 '현구고례見舅姑禮'라 합니다. 이후 시댁에서 처음 짓는 밥은 친정에서 가져온 찹쌀과 팥으로 짓고, 친정에서 싸 온 음식으로 상을 차립니다. 이것이 '이바지 음식'이 되는 것이지요.

옛 기록에는 이바지 음식이란 용어 대신 '상수床需'라는 이름을 보편적으로 썼습니다. 이 이름에서도 혼인의 깊은 뜻을 읽을 수 있으므로 간략히 설명하겠습니다. 신부 집에서는 혼례를 마친 후 신랑을 위해 큰상床을 차려주고, 신랑 집에서는 폐백 후 신부에게 큰상床을 차려주는데, 이때 양가에서 차린 큰상의 음식을 신랑 집과 신부 집으로 나누어 보낸 것이 상수입니다. 상수를 보내던 것이 요즘의 이바지 음식, 그리고 시댁에서 답례로 보내던 답바지 음식이라는 용어로 바뀌어 전해진 것이라 짐작합니다.

이바지 음식

과일

약주

생선찜

떡

전복초 등의 해산물 요리

전

한과

고기찜

이바지 음식은 지역에 따라 다르게 준비하지만, 딱히 이바지 음식 품목에 제약이 없는 지역이라면
고기와 생선을 고루 섞어 요리하고, 과일과 떡과 술을 함께 준비하는 것이 좋습니다

이바지 음식은 신부 집안의 솜씨를 평가하는 기준이 되기도 하고, 며느리의 식성을 엿볼 수 있는 기회가 되기도 합니다. 며느리가 시댁의 기호를 알 수 있는 참고 자료가 되기도 하지요. 또 갓 결혼해 시댁의 음식 간에 대해, 시부모의 취향에 대해 모르는 상태에서 상을 차려야 하는 딸의 고민을 덜어주는 요긴한 밑반찬이 되기도 합니다.

요즘 이바지 음식은 지역에 따라 차이가 많고, 아직도 지방의 예식에서는 중요시하는 반면, 서울에서는 생략하는 경우도 많습니다. 아무래도 서울에선 친척이 모여 살지 않기 때문이겠지요. 지역에 따라 익히지 않은 고기는 보내면 안 되는 경우도 있고, 제주에선 요리가 아닌 식재료를 보내는 것이 풍습이라고 합니다. 본래 폐백 음식과 상수는 지방에 따라, 가풍에 따라, 계절에 따라 다르게 준비하고, 정해진 법칙은 없었다고 합니다. 배우자가 될 사람의 고향이나 가풍에 따라 준비하는 것이 옳을 것입니다. 각종 떡과 한과, 과일, 전, 편육, 갈비, 돼지고기, 소고기, 해산물, 건어물, 술, 밑반찬, 한과 중에서 형편과 상황에 맞게 준비하면 되겠지요. 이바지 음식을 준비하다 보면 가장 많이 포장하는 것이 구절판과 전통주입니다. 건구절판은 호호당 꽃 매듭(110쪽)으로 포장하면 되므로, 여기서는 전통주 포장하는 법을 알려드립니다.

모서리 나비 매듭 포장법

포장이 완성됐을 때 오른쪽 상단에 나비 한 마리가 앉아 있는 듯한 포장법으로
와인이나 전통주 상자, 넥타이 상자 등 주로 길쭉한 상자를 포장할 때 사용합니다.
작은 책을 손수건으로 포장할 때도 이 방법을 이용하면 좋습니다.
중간 사이즈(80×80cm 정도)의 갑사 보자기를 사용합니다.

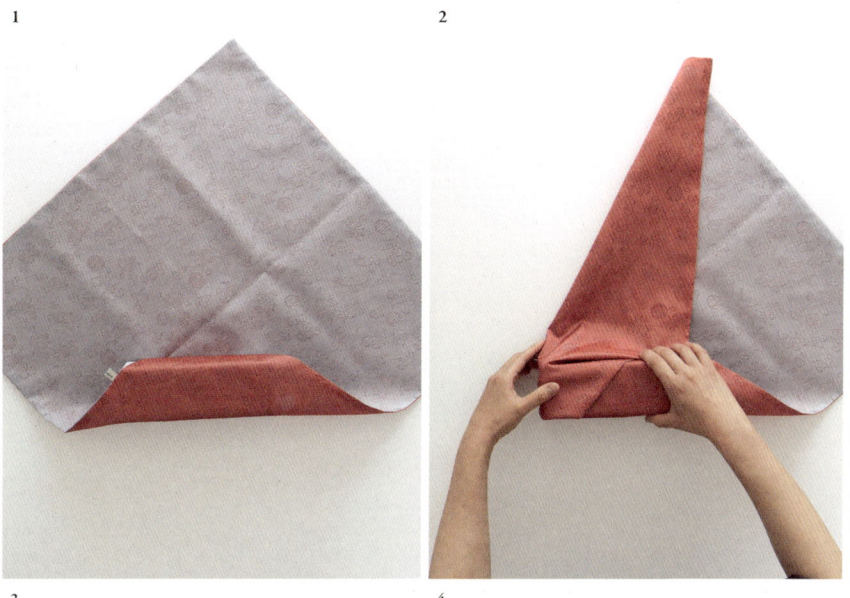

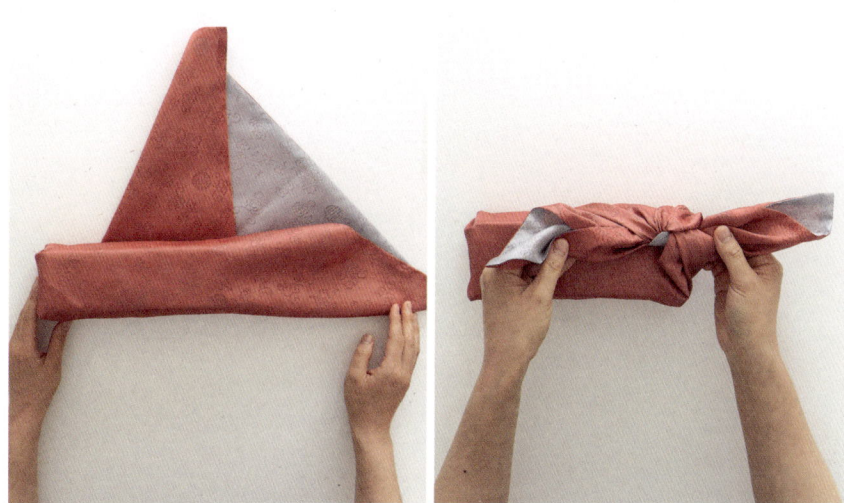

1 보자기를 마름모꼴로 펼친 후 한가운데를 기점으로 약간 왼쪽 아래에 전통주 담은 상자를 놓습니다.
상자 크기에 따라 위치가 달라질 수 있기에 몇 차례 상자 위치를 조정해가며 알맞은 위치를 잡습니다.
아래쪽 모서리를 위로 접어 올려 상자 밑으로 넣습니다.
2 왼쪽 모서리를 오른쪽으로 접습니다.
3 상자를 위쪽으로 한 바퀴 굴립니다.
4 위쪽 모서리와 오른쪽 모서리를 두 번 묶어 기본 매듭으로 마무리합니다.
이때 겹보자기인 경우 뒤집어 반대쪽 색을 보여줘도 좋습니다.

신행 선물

이바지 음식이나 폐백과 함께 예전에도, 지금도 준비하는 것 중 하나가 신행 선물입니다. 사실 이 '신행 선물'이라는 말은 예전부터 있었던 것은 아닙니다. 결혼 이후 신부가 신랑 집으로 시집을 가면서 준비하던 선물들은 '혼수'라는 이름이 더 어울렸지요. 예전에는 먼 친척에게까지 버선 한 켤레라도 선물하며 인사를 전했다고 합니다. 예전과는 달리 신혼여행이라는 것이 보편화된 지금, 여행길에 면세점에서 쇼핑하거나, 여행지에서 특산품 쇼핑 등으로 신행 선물을 마련하는 것이 대부분입니다. 이때, 부모님은 물론이고 이래저래 축의금과 용돈을 챙겨준 친지들을 위한 간단한 선물을 구입하기도 합니다. 저는 이 신행 선물이라는 것이 참 귀엽고 정스럽게 느껴집니다. '결혼시켜놓고, 신혼여행을 떠나보낸 부모님들 마음이 얼마나 적적하시겠어요? 결혼하고 떠난 첫 여행에서 부모님 생각을 잊지 않았어요, 앞으로도 행복하게 해드릴게요' 이런 마음을 전하는 선물이니까요.

신 행 선 물 포 장

장미꽃 두 송이 포장법

활짝 피기 전의 장미꽃 두 송이를 얹어놓은 것 같은 포장법입니다.
선물과 함께 꽃다발을 건네는 기분을 느낄 수 있을 거예요.
얇은 홑겹보자기로 포장했을 때 조금 더 예쁘게 표현됩니다.

1 보자기를 마름모꼴로 펼친 후 한가운데에 상자를 놓습니다. 위아래 모서리를 맞잡습니다.

2 그 위로 왼쪽과 오른쪽 모서리를 맞잡아 교차시킵니다.

3 그 상태로 ①에서 맞잡은 모서리 뒤쪽에서 교차해 앞으로 가져온 뒤 한 번 질끈 묶습니다.
이 부분이 장미꽃을 받쳐주는 잎사귀가 됩니다.

4 ①에서 맞잡은 모서리를 하나씩 돌돌 말아 장미꽃을 만들어줍니다.
우선 매듭 하나를 잡고 밑부분을 검지손가락으로 받치면서 돌돌 말아줍니다.

5 끝부분을 사진과 같이 봉오리 가운데 쪽으로 쏙 넣어 고정합니다.

6 나머지 한쪽도 같은 방법으로 꽃봉오리를 만듭니다. 장미꽃 두 송이와 꽃송이를 받쳐주는
두 장의 잎사귀를 떠올리며 매듭 모양을 정리합니다.

好

회갑례와 회혼례

태어나 60년, 결혼 후 60년을 축하하는 자리

〈문관평생도 10폭 병풍〉 중 '환갑', 국립민속박물관 소장. **왼쪽** 예부터 우리 선조들은 가까이 두고 사용하는 물건에 이름을 지어주거나, 소중한 의미를 새겨 오래도록 간직하곤 했습니다. 이를 '기물명器物銘'이라 합니다. 회갑례 답례 선물로 기물명이 새겨진 행주를 건네면 받는 이는 일상의 벗과 같은 선물로 여길 것입니다.

새로운 인생을 맞이하는 회갑례

회갑례는 '환갑잔치'라고도 합니다. 평균수명이 짧았던 시절에는 61세 되는 해의 환갑잔치부터 시작해 70세(칠순, 고희), 80세(팔순, 산수), 88세(미수)와 99세(백수)까지 장수한 어르신의 생신을 성대하게 축하했고, 부부가 해로해 결혼 60주년을 맞이하는 회혼례는 더욱 크게 치렀습니다.

회갑은 단순히 장수의 의미를 넘어 '육십화갑자'(10간과 12지를 조합해 만든 것으로 60주기를 나타냄)를 한 바퀴 돌아 자신이 태어난 해의 간지를 또 한 번 맞이했다는 뜻입니다. 하나의 인생을 다 살아 새로운 인생을 맞이한다고 여겼기에 61번째 생일을 유독 특별하게 축하한 것이지요. 자손들이 모여 연회를 베풀고, 혼례 때 상차림처럼 고배상(굄상)을 마련했습니다. 요즘은 특별히 환갑잔치를 하는 게 어색할 정도로 수명이 길어졌지만, 요즘 사람들도 나름의 방식으로 회갑례를 치릅니다. 해외여행, 가족끼리 가벼운 파티나 외식 등을 통해 말이지요.

반복과 반기살이

회갑례가 인생의 60년을 축하하는 자리라면, 회혼례는 부부의 60년을 축하하는 자리입니다. 이때 부부는 결혼할 때처럼 신랑과 신부 복장을 하고, 장성한 자손들에게 차례로 술잔을 받습니다. 혼례 때와 마찬가지로 큰상을 준비해 술이며 음식을 많은 이와 나누며 축하했지요. 특히 자리를 빛내준 이들과 이웃에게 잔치 음식을 두루 나누는 것을 '복을 함께 나눈다'는 뜻의 '반복頒福'이라 하여 중요히 여겼습니다. 그리고 '반기살이'라 하여 음식을 목기에 담아 답례품 형식으로 나누어주었습니다.

이 반기살이는 큰상 차림이 있는 잔칫날에는 모두 해당하는 것이었습니다. 집에서 전부 준비하고 치르는 행사였기에 많은 이의 도움이 필요했을 것이고, 차가 없는 시절이기에 손님들도 먼 곳에서 걸어 오는 경우가 많았을 테지요. 이때 하객에게 큰상에 오른 음식 중 물기 없는 것을 곱게 담아 들려 보냈는데, 이는 고마움의 표현이자 복을 두루 나누겠다는 넉넉한 마음 씀씀이였을 것입니다. 그리고 부모는 정성껏 키운 자식들이 장성해 상을 준비하고 손님을 접대하는 모습에서 뿌듯함을 느꼈을 거고요.

부모님 벗을 위한 선물

요즘은 환갑은 물론 칠순, 팔순 잔치도 자취를 감춰가고 있습니다. 함께 여행을 가거나 가족끼리 식사하는 것도 좋지만, 부모가 우리의 백일상과 돌상, 손주의 백일상과 돌상까지 챙기는 것처럼 반기를 준비해 부모의 친구들에게 선물해보는 건 어떨까요. 유과나 떡, 과일 등을 소담하게 담아 전하면 부모님의 노년의 벗에게 감사 인사를 전할 수 있는 기회도 되고, 부모님 역시 즐겁고 의미 있는 날을 보낼 수 있을 겁니다.

아무리 삶의 대소사를 책임져주는 온갖 업체가 있어 이웃의 도움 없이도 많은 일을 치를 수 있는 시대를 살고 있지만, 그래도 일생의 대소사를 잔치라는 이름으로 축하하는 것은 하루 즐겁게 놀기 위한 것이 아님을, 삶의 중요한 순간을 함께 준비해가기 위한 것임을 늘 기억했으면 합니다. 부모의 이런저런 잔칫날을 함께 챙기고 축하해주는 분들이 부모의 가시는 길도 함께 지켜주기 때문이지요.

인생을 반으로 나누어 앞과 뒤에 존재하는 일생의례는 절반은 부모의 사랑과 노력이, 또 절반은 자식의 사랑과 보답이 담겨 있는 것 같습니다. 고배상에 뷔페 상차림처럼 전형적인 잔칫상은 아닐지라도 우리 돌잔치 때 쏟은 부모의 정성만큼 이젠 우리가 뜻깊은 날을 준비해드리면 어떨까요.

양손 매듭 포장법

반기를 비롯해 명절이나 잔치에 준비하는 각종 답례품의 경우 개수가 많아
빠른 시간 내에 포장을 완료해야 하는 경우가 대부분입니다. 양손 매듭은 많은 양의 포장을
빠르고 간단하게 할 때 유용한 방법입니다. 반기나 답례품을 포장할 때는
간단한 인사말을 곁들인 감사 카드를 곁들이면 감동이 배가됩니다.

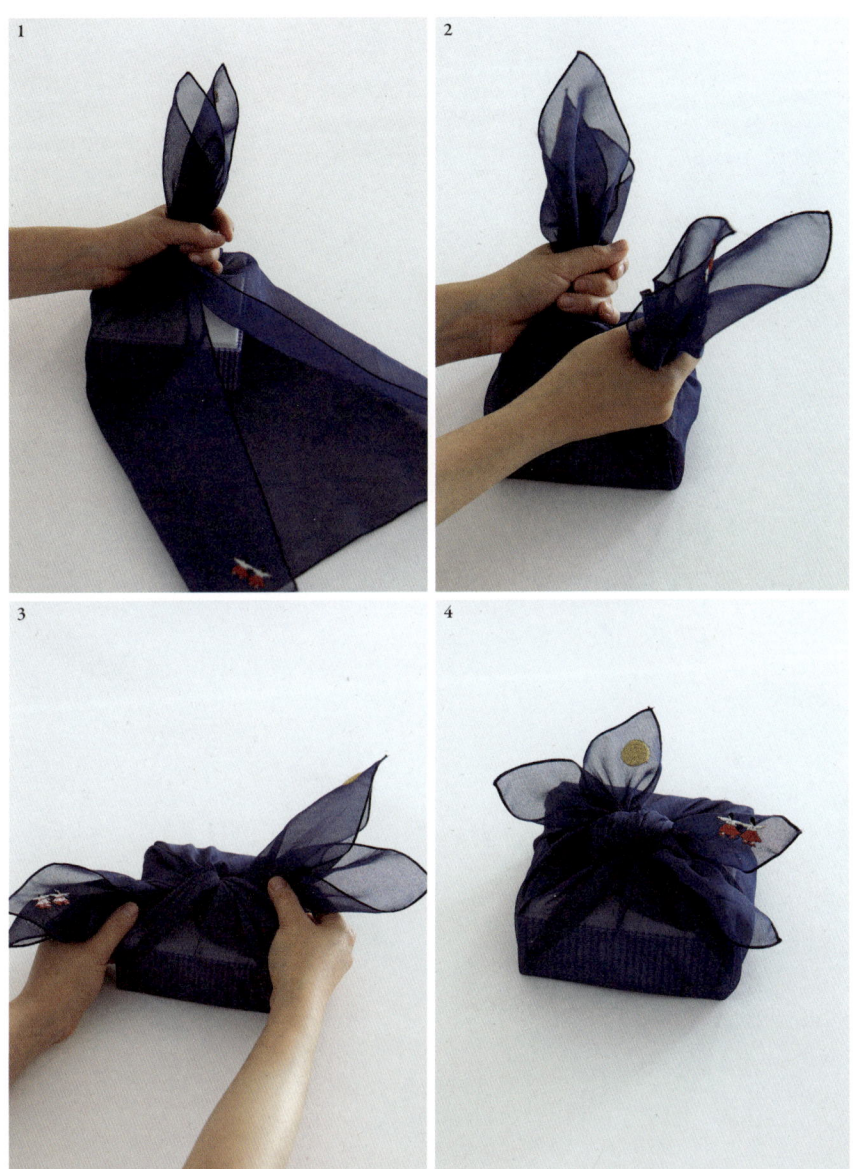

1 보자기를 마름모꼴로 펼친 후 반기 담은 상지를 한가운데에 놓습니다.
2 왼쪽 위아래 모서리와 오른쪽 위아래 모서리를 각각 움켜쥐고 맞잡습니다.
3 한 번 질끈 묶습니다.
4 한 번 더 질끈 묶은 후 예쁘게 매만져 마무리합니다.

2장

세시歲時

好 ─ 설날, 새해맞이

好 ─ 정월 대보름

好 ─ 입춘

好 ─ 단오

好 ─ 추석

好 ─ 동지

好 ─ 섣달그믐

好 — 설날, 새해맞이

새해맞이

한국에서 살며 만나는 명절 중 가장 크게 와닿는 것이 음력 설날입니다. 하지만 양력 설인 1월 1일 역시 많은 이가 특별하게 기념하고 있지요. 아무래도 연도의 숫자가 바뀌는 새로운 해의 시작이라는 기분 때문이 아닐까요? 그래서인지 새해맞이는 예나 지금이나 특별했습니다. 모두가 덕담을 건네고, 좋은 그림을 선물하며 복을 기원했지요. 이때 많이 선물한 것이 세화歲畵입니다. 설날에 절을 하면 세배歲拜, 설날 마시는 술은 세주歲酒, 설날 선물하는 그림은 세화라고 합니다. 궁에서 그림 그리는 일을 맡아 하는 도화서에서는 수성도, 선녀도, 직일도, 신장도 등의 그림을 그려 임금에게 바치고 재상들에게 선물로 보내어 복을 기원했지요. 일반 백성은 주로 잡귀를 쫓아준다고 믿는 닭이나, 좋은 일이 생기게 해준다는 호랑이 그림을 많이 붙였습니다. 이는 오늘날 연하장에 마음이 풍성해지는 그림을 담아 선물하는 방식으로 전해오고 있습니다. 좋은 의미를 지닌 닭이나 호랑이 그림을 연하장으로 선물하고, 선물 받은 그 그림으로 집 안을 장식하는 일, 한 해의 길한 시작이 될 것입니다.

새해 첫날에는 임금부터 시작해 서민에 이르기까지, 모든 이가 두루 세찬
歲饌을 보내며 인사를 전했습니다. 지역의 관리들이 궁으로 보내는 세찬
은 주로 과일·과자·달걀·고기·해산물 등 특산품이 많았고, 일반 백성끼
리는 마른 명태나 김·쌀·소고기·생선 등을 선물하는 것이 보편적이었습
니다. 하지만 임금이 신하에게 두루 선물한 것은 다름 아닌 쌀과 소금이었
다고 하지요. 사치스럽지 않으면서도 마음이 풍성해지고, 실제로 설날 상
차림에 꼭 필요한 것이었으니 이보다 적절한 선물이 있었을까 싶습니다.
받는 이가 부담스럽지 않은, 하지만 복을 기원하는 인사를 담아 '임금의 선
물'을 나누며 새해를 맞이하면 어떨까요.

두 개 함께 포장법

비슷한 크기의 병 두 개, 비슷한 크기의 봉투 두 개 등 크기가 비슷한 선물 두 개를 한 번에
함께 포장할 때 좋습니다. 응용하기 좋은 포장은 와인 두 병, 신발 한 켤레 등이 있습니다.

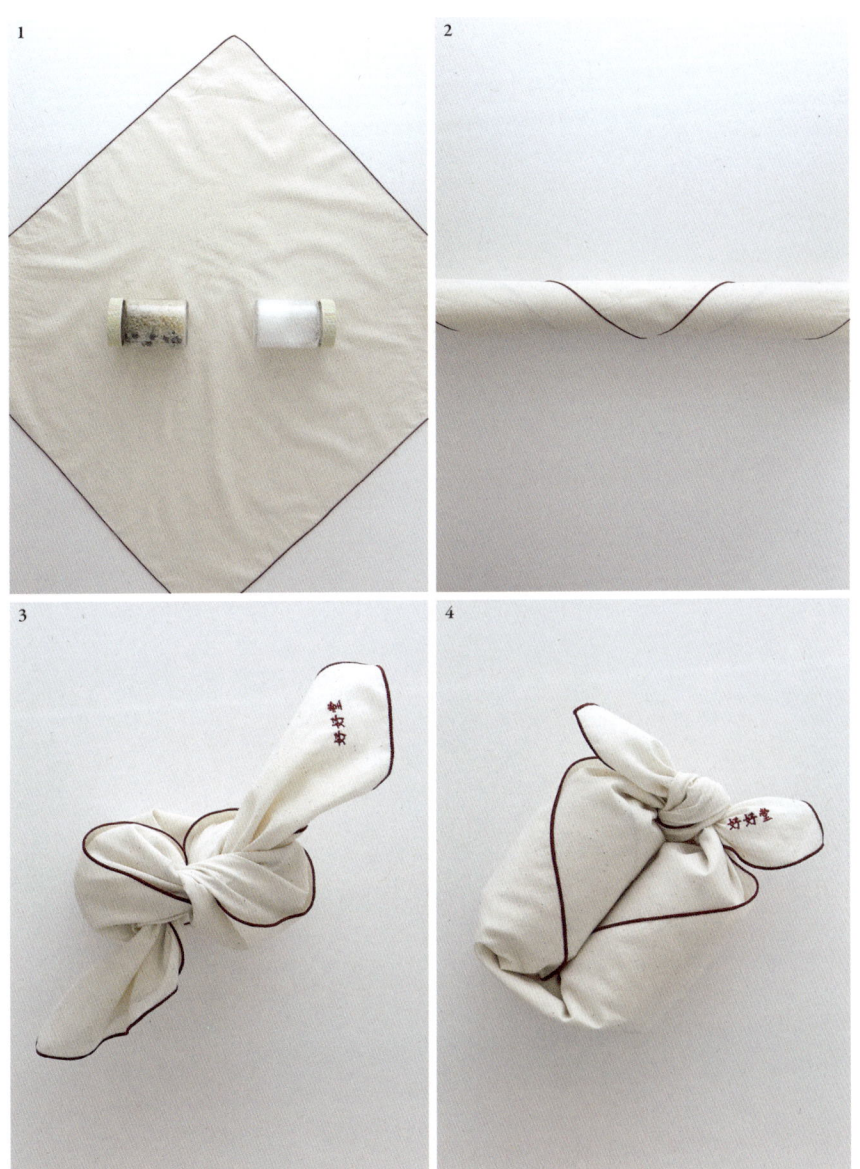

1 보자기를 마름모꼴로 펼친 후 쌀과 소금을 담은 병을 가운데에 가로로 눕힙니다.

2 보자기를 반으로 접은 후 아래쪽부터 보자기를 돌돌 말아줍니다.

3 양 끝을 잡고 세워서 왼쪽과 오른쪽 모서리를 한 번 묶습니다.

4 한 번 더 묶으면서 리본 길이와 모양을 매만져 마무리합니다.

한국판 보드게임, 윷놀이

설날 하면 가장 먼저 떠오르는 것이 떡국과 윷놀이 아닐까요. '윷놀이'는 백제 시대부터 전해오는 전통 놀이로, 지금도 가정에서 행하고 있는 대표적 한국의 보드게임입니다. 가족끼리 편을 나누어 번갈아가며 윷을 던져 시합을 하면 시간 가는 줄 모르고 빠져들게 마련입니다.

밖에서 놀이를 하기엔 추워서 잘 움직이지 않는 한겨울에 실내에서 할 수 있는 훌륭한 운동이자 놀이이지요. 규칙이 간단하고, 남녀노소 누구나 할 수 있는 쉬운 놀이이면서 한순간 역전이 일어나 손에 땀을 쥐게 합니다.

1년에 한 번 사용하는 윷은 마땅한 보관함도 없이 서랍 한쪽에 넣어뒀다가, 즉석에서 쓱쓱 그린 말판에 곁들여 놀이하는 경우가 대부분이지요. 한 번 마련해 잘 보관하면 평생 쓸 수 있는 윷에 누비옷을 입혀 포장해주세요. 포장법은 66쪽 솜 보자기 포장법을 참고하세요.

好

정월 대보름

부럼 깨는 날

보름날 아침에 일어나 밤, 호두, 은행, 잣, 땅콩 등을 깨물며 1년간 건강한 피부와 튼튼한 치아를 지닐 수 있게 해달라고 비는 것을 '부럼 깨기'라고 합니다. 종기나 부스럼이 나지 않고, 이가 단단해지길 바라며 하는 행위이지요. 이 부럼 깨기는 지금도 변치 않고 잘 지켜가고 있는 우리의 풍습 중 하나입니다.

땅콩과 밤, 호두가 수북이 쌓인 보름날 풍경은 보기만 해도 마음이 풍요롭고 푸근해집니다. 수수한 대나무 합에 부럼을 담아 면 보자기로 포장해 선물하면 가족이 둘러앉아 부럼을 깨물어 먹을 때 깔개로, 행주로 유용하게 사용할 수 있습니다.

네 잎 매듭 포장법

네 모서리가 마치 네 장의 꽃잎처럼 사방으로 펼쳐지는 포장법입니다.
네 모서리 크기가 비슷해야 하므로 원형이나 정사각형 물품을 묶었을 때 가장 예쁩니다.
대나무 합은 뚜껑이 고정된 형태가 아니기에 네 잎 매듭으로 단단하게 묶어줍니다.

1 보자기를 마름모꼴로 펼친 후 한가운데에 부럼을 담은 대나무 합을 놓습니다.
2 오른쪽 모서리와 왼쪽 모서리를 맞잡고 질끈 묶습니다.
3 위쪽과 아래쪽 모서리를 맞잡고 질끈 묶습니다.
4 다시 오른쪽 모서리와 왼쪽 모서리를 맞잡고 묶습니다. 위쪽과 아래쪽 모서리도 다시 실끈 묶어주뇌,
양쪽 리본 길이를 비슷하게 맞춰주며 마무리합니다.

좋은 소식만 들으라고, 귀밝이술

이명주耳明酒라고 불리는 '귀밝이술'은 데우지 않고 차게 마시는데, 아침 식사를 하며 온 가족이 한 잔씩 나누어 마셨습니다. 귀도 밝아지고, 눈도 밝아지라는 덕담을 나누며 마셨다고 하지요. 귀밝이술을 마시면 1년간 좋은 소식만 듣게 되고, 장수를 한다고 전해집니다. 이때만은 어린아이도 입술에 조금씩 술을 묻혀가며 함께 나누어 마셨다고 하지요. 좋은 소식만 들려오길 바라는 뜻이 담긴 귀밝이술을 남녀노소 할 것 없이 조금씩 나누어 마시며 1년의 복을 기원하는 정거운 풍속이었습니다.

가족이 둘러앉아 서로의 행복을 빌며 좋은 잔에 술을 담아 나누면 어떨까요. 좋은 차, 좋은 술은 예쁘고 귀한 잔에 담으면 그걸 대하는 몸가짐 역시 달라지지요. 귀한 술병과 술잔은 가족과의 특별한 자리에서 사용한 뒤, 솜 보자기로 감싸 보관해두면 좋겠지요. 도톰하게 솜을 넣어 만든 솜 보자기는 찻상을 차릴 때 다기를 받치는 티 매트이자, 뜨거운 다기를 감싸는 역할도 하지요. 해를 거듭하며 기념하는 명절 상차림의 가족 술잔은 특별한 추억으로 기념될 겁니다. 포장법은 66쪽 솜 보자기 포장법과 같습니다.

여러 집의 오곡밥, 백가반

오곡밥은 복이 담긴 음식이라 하여 가족끼리는 물론, 여러 집과 두루 나누어 먹곤 합니다. 복을 나눈다는 의미 때문인지, 100집의 것을 나누어 먹으면 그만큼의 복을 받을 수 있다고 여겨 이를 '백가반百家飯'이라고 불렀습니다. 복을 나누는 마음으로 오곡밥을 넉넉히 지어 선물해보세요. 만약 여러 명과 나누기 위해 일회용 도시락에 담았다면 보자기나 손수건 대신 종이 냅킨을 이용해 포장하면 좋습니다. 포장을 풀어 냅킨으로 사용하면 되니까요. 만약 좀 더 신경 써서 도시락 통에 담아 준비한 오곡밥이라면 손수건이나 도시락 보자기로 손잡이를 만드는 포장을 하면 좋습니다. 별도의 도시락 가방 없이도 들 수 있어 유용합니다. 포장법은 88쪽 손잡이 포장법을 참고하세요.

종이 냅킨 포장법

소풍 날이나 등산 가는 날 여러 사람에게 선물하는 도시락을 준비할 때는
일회용기를 꺼내게 됩니다. 부담 없이 준비한 그 도시락이 행여나 받는 이에게
'무언가 되돌려줘야겠구나' 하는 부담으로 다가갈까 걱정되기 때문이지요. 일회용기에 담은
도시락은 포장 역시 일회용 종이 냅킨으로 하면 좋습니다. 야외에서 간단한 테이블 매트가
되기도, 식사 후 입과 손을 닦는 냅킨이 되기도 할 테니까요.

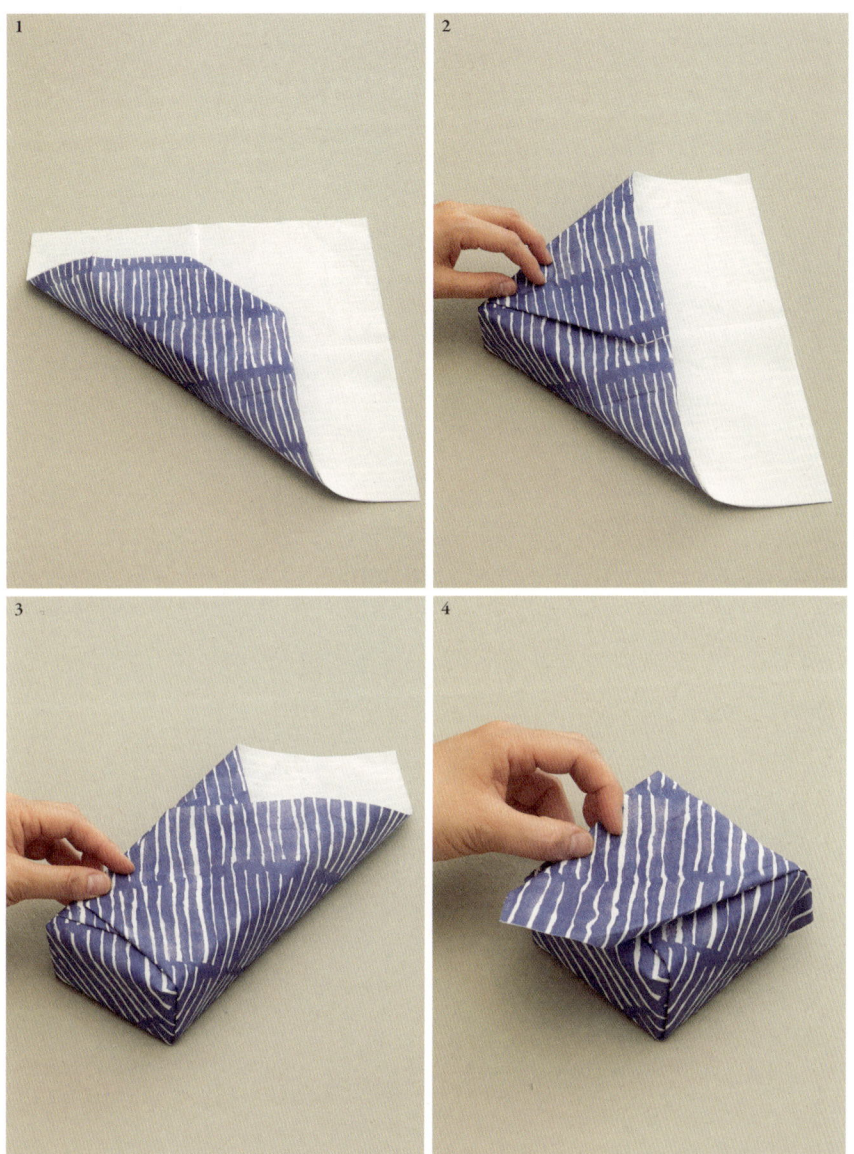

1 종이 냅킨을 마름모꼴로 펼친 후 한가운데에 도시락을 놓습니다. 아래쪽 모서리를 접어 올려
도시락 밑에 넣습니다.
2 왼쪽 모서리를 접어 올립니다.
3 오른쪽 모서리를 접어 올립니다.
4 위쪽 모서리를 접어 내려 안쪽으로 접어 넣습니다.

好 입춘

災從春雪消
福逐夏雲興

立春大吉
建陽多慶

복을 부르는 입춘첩

국태민안 가급인족國泰民安 家給人足
나라는 태평하고 백성은 평안하니 집집마다 넉넉하라.
우순풍조 시화연풍雨順風調 時和年豐
비바람이 순조로워 평화롭고 풍년이 와라.
재종춘설소 복축하운흥災從春雪消 福逐夏雲興
재난은 봄눈처럼 사라지고 복은 여름 구름처럼 일어나라.
_홍석모(1781~1850),《동국세시기東國歲時記》중

봄이 시작되었습니다. 좋은 시구나 덕담이 적힌 춘축春祝(입춘 날 벽이나
문 등에 써 붙이는 글)을 대문이나 천장에 붙여 복이 들어오기를 기원합니
다. 요즘도 한자로 '입춘대길立春大吉'이라 쓴 한지를 대문에 붙이는 집을
흔히 볼 수 있습니다. 하지만 예전에는 입춘대길 외에도 여러 좋은 시구,
희망찬 글들을 써 붙임으로써 마음가짐을 새롭게 하곤 했다고 합니다.
때론 마음으로 공감이 가는 멋진 전통일지라도 어떻게 하면 좋을지 몰라
외면하는 경우가 있습니다. 멋진 붓글씨로 立春大吉 써서 붙일 수 있으면
좋겠지만, 본인은 물론 주변에 부탁할 사람이 마땅치 않다면 컴퓨터에서
좋아하는 글씨체와 색상으로 출력해 대문이나 방문, 책상이나 노트 등에
붙여보면 어떨까요. 내게 가장 즐겁고 편한 방식으로 전통을 지켜나가는
것이 어쩌면 가장 멋진 방법이 아닐까 생각합니다.

好
단오

더위조차 다스리라고, 단오선

정승희, '백선도' 중 부분, 순지에 수간분채

단오는 설, 추석과 함께 우리나라의 3대 명절로 꼽히던 큰 명절입니다. 여자들은 창포물에 머리 감고, 남자들은 씨름을 하며 즐겁게 보냈지요. 이날 임금이 재상과 시종에게 선물하는 것을 시작으로, 많은 이가 서로 주고받은 것이 단오선端午扇(부채)입니다. 지금도 단옷날에 부채를 선물하는 이들도 있지요. 여름을 앞두고 건네는 소박하고 지혜로운 선물입니다.

언젠가부터 에어컨이 모든 공간의 필수품이 되어버렸지만, 더위 속에서 땀이 살짝 맺힌 채 부채를 부치는 모습을 보면 왠지 기분이 좋아집니다. 더위와 싸우는 모습이 아닌, 더위조차도 여유롭게 즐기는 모습이랄까요? 크기가 크고 아름다운 부채일수록 별도의 걸이가 없는 경우가 종종 있습니다. 이때는 보자기로 가방을 만들어 부채를 넣어 선물해보세요. 정성과 기품이 느껴지면서 보관 역시 이 보자기 가방 안에 할 수 있어 좋습니다.

댕기 모양 보자기 가방 포장법

머리 땋듯이 손잡이가 있게 만드는 보자기 가방은 뚝딱 완성해 걸치는
에코 백으로도 좋고, 손잡이가 없는 물건을 담아 집 안 곳곳에 매달기에도 제격입니다.
주방에서 냄비 뚜껑을 넣어 매달거나, 손잡이가 없는 부채를 담아 매달 수도 있지요.

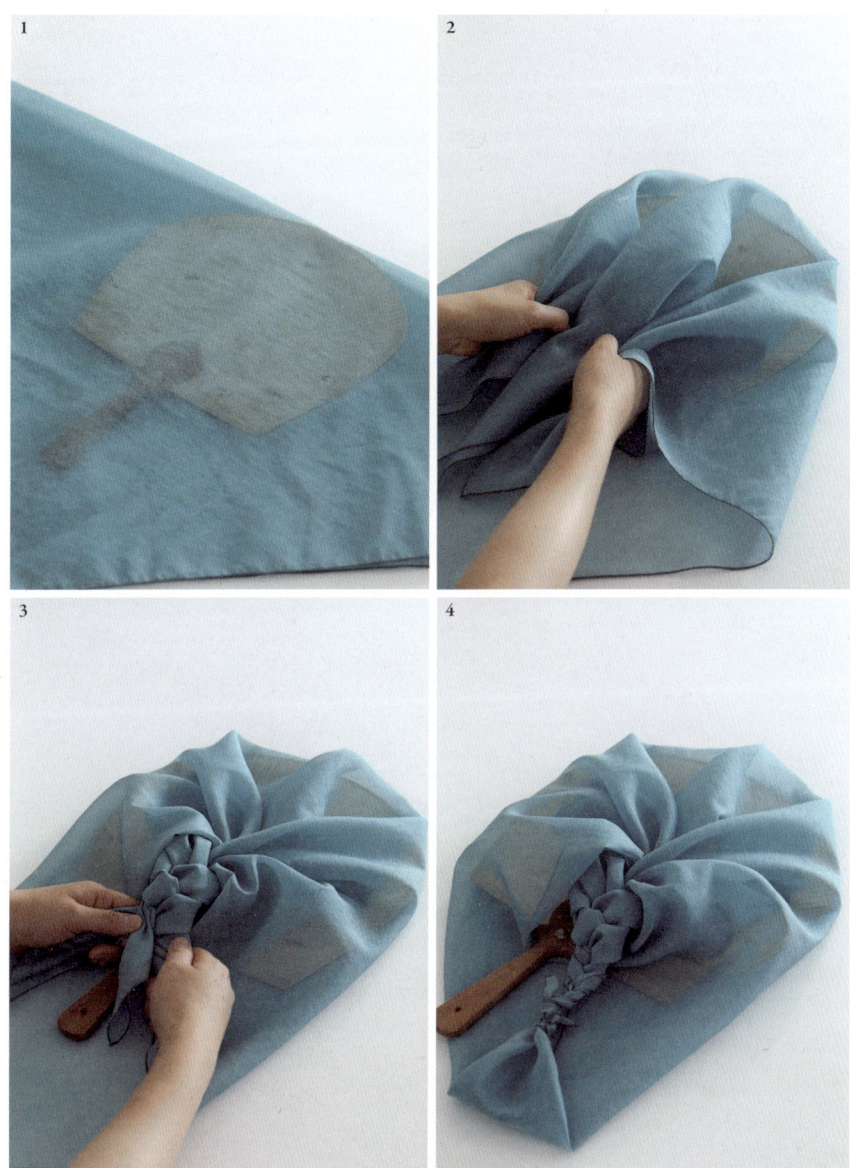

1 보자기를 마름모꼴로 펼친 후 한가운데에 부채를 놓고 반으로 접습니다.

2 바닥에 놓인 면을 제외한 나머지 세 모서리를 잡고 머리 땋을 준비를 합니다.

3 머리를 땋은 후 세 모서리 중 한 부분을 5cm 정도 남기고, 나머지 두 모서리를 묶어 고성합니다.

4 바닥에 놓인 면과 ③에서 남은 5cm를 함께 두 번 묶어 고정합니다.

好
추
석

더도 말고 덜도 말고, 이 좋은 날

농촌에서는 추석을 한 해 중 가장 큰 명절로 여겼습니다. 추수를 앞두고 마음이 풍요로웠기 때문이겠지요. 이날은 어디서나 닭을 잡고 술을 빚어 온 동네가 취하도록 마시고, 배부르게 먹으며 즐겼다고 합니다.

잠시 일손을 놓고, 넘치는 술과 음식을 나누어 먹으며 풍요롭게 보내는 한 가위에는 새 옷과 신발도 준비합니다. 추석빔처럼 새로 옷을 지어 입는 때 는 설날(설빔)과 단옷날(단오빔)이었지요. 겨울옷, 여름옷 정도 되겠네요. 그중 추석빔은 가을을 맞는 새 옷입니다. 춥지도 덥지도 않은 때 고운 추 석빔을 차려입고 달맞이를 하며 강강술래를 했습니다. 하지만 형편이 여 의치 않아 새 옷을 마련하기 어려운 해의 추석에는 옷을 깨끗이 세탁하고 해진 곳을 수선해 새 옷처럼 입었다고 합니다. 요즘처럼 1년 어느 때고 새 옷을 사 입을 수 있는 시대에 살면서는 철마다 새 옷을 입는 기쁨이 잘 와 닿지 않지만, 좋은 날을 맞이하며 깨끗하게 단장하던 조상들의 멋은 느낄 수 있지요.

특별한 옷, 한복

한복은 특별한 날에만 입기에 많은 이가 한복 마련하는 것을 꺼립니다. 하지만 오늘날에도 한복이 특별한 가치와 매력을 지니는 건 '특별한 날의 옷'이라는 데 있지 않을까요. 나의 결혼식, 내 아이의 첫 번째 생일, 부모님의 특별한 날들까지…. 보자기에 차곡차곡 쌓아 메모 한 장 곁들여 보관해놓은 특별한 날의 우리 옷은 그 자체로 가족의 역사가 됩니다. 여러 번 즐겨 입어도 해를 넘기기 어려운 옷도 있고, 두어 번 입었을 뿐인데도 대를 물려 간직하게 되는 옷도 있게 마련입니다. 한복은 우리에게 그런 옷이지요. 일본인은 삶의 중요한 순간마다 기모노나 유카타를 차려입습니다. 그중 '하나비'라고 부르는 불꽃놀이 축제에 참석했을 때 본 유카타의 물결을 잊을 수가 없습니다. 남녀노소 불문하고 멋지게 차려입은 유카타와 장신구, 그리고 일본 전통 신발인 게다까지. 서로 누가 더 예쁘고 멋진가 뽐내기라도 하는 자리인 듯 느껴졌습니다. 추석빔을 차려입고 보름달이 둥그렇게 뜬 마을 공터에 모두 모여 아름다운 자태로 강강술래를 했을 모습 또한 그렇지 않았을까요? 언젠가 우리도 추석날 보름달 아래서 뽐내듯 한복을 차려입고 명절을 보내는 날이 오기를 꿈꿔봅니다.

특별한 옷의 보관

좋은 일을 앞두고 한복을 맞추는 일이 종종 있습니다. 마음먹고 장만한 한복이지만 평소에는 입을 일이 별로 없기 때문에 잘 보관해두는 일 역시 무척 중요합니다. 아이 한복의 경우 적어도 1년에 두어 번은 입지만, 어른 한복은 몇 년씩 보관만 해두는 일도 흔하기 때문입니다. 이때 유용한 것이 바로 보자기입니다. 엄마 한복, 엄마 속치마, 아빠 한복, 아이 돌 한복, 아이 5세 한복, 엄마 꽃신 등 종류별로 감싸두고, 이름표 하나 붙여둔다면 필요한 때 사용할 것만 꺼낼 수 있어 편리합니다. 이때 향낭을 하나 넣어주면 한복에 은은하게 자연의 향이 뱁니다.

옷고름 매는 법

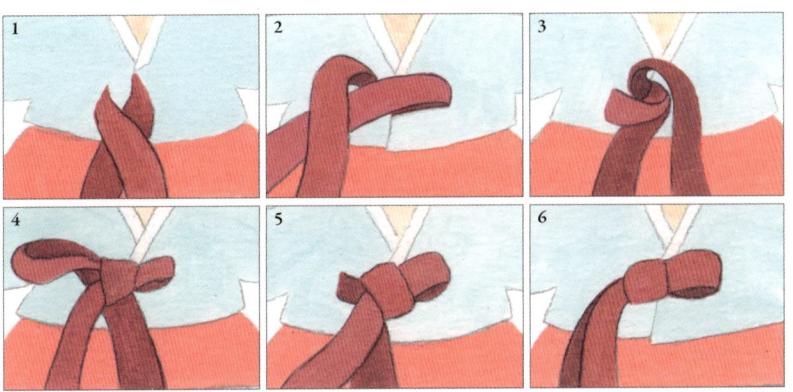

1 왼손은 긴 고름을, 오른손은 짧은 고름을 잡습니다. 짧은 고름이 위로 올라가게 하여 X자로 교차시킵니다. 2 긴 고름 아래로 짧은 고름을 넣습니다. 3 한 바퀴 감아 위로 뽑아냅니다. 4 왼손은 위로 올라간 짧은 고름을 잡아 원을 만들고, 오른손은 밑에 있는 긴 고름을 잡아 고리를 만듭니다. 5 고리를 원 안으로 알맞게 잡아당깁니다. 6 왼손으로는 고리를 잡고, 오른손으로는 두 가닥의 고름을 합쳐 모양을 바로잡습니다.

대님 매는 법

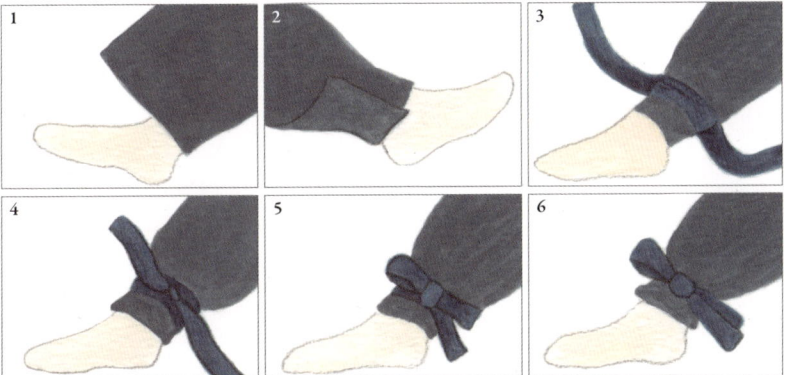

1 대님을 안쪽 복사뼈에 위치하도록 놓고 발등 부분의 바지를 잡아당깁니다. 2 잡아당긴 바지를 잡고, 발의 바깥 방향으로 끝부분이 위치하도록 돌립니다. 3 대님 끈으로 발목을 감싸줍니다. 4 대님 끈을 바깥 방향에서 양쪽으로 교차시킵니다. 5 교차시킨 끈을 복사뼈 쪽으로 돌리고, 한복 고름 매는 법과 동일하게 매듭을 짓습니다. 6 바지를 대님이 살짝 보이는 정도로 내려 정리합니다.

好

동지

작은설엔 달력 선물

동지를 작은설이라고도 합니다. 동짓날 하면 떠오르는 것이 팥죽과 새알심입니다. 팥의 붉은색이 나쁜 기운을 물리쳐준다고 믿어 이날 끓인 팥죽은 조상에게도 한 그릇, 집 안 곳곳에도 한 그릇씩 떠놓고 집안의 평안을 기원했습니다. 동지팥죽에는 새알심을 넣어 끓이는데, 이 새알심을 나이 수대로 먹어야 새해에 나이를 한 살 먹을 수 있다고 했다지요. 동지를 기준으로 해가 점차 길어진다고 하여 해가 바뀌는 기점으로 생각했기 때문에 설날 떡국과 같은 의미로 새알심을 넣어 먹었습니다.

팥죽으로만 기억하는 동지에는 사실 중요한 행사가 있는데, 바로 책력冊曆을 만들어 궁중에 바치는 것이었습니다. 관상감에서 새 달력을 만들어 임금에게 올리면 임금이 옥새를 찍어 신하들에게 나누어주었다고 하지요. 임금의 선물이기도 했고, 각 관청에서 많은 지인, 백성과 나누는 선물이기도 했습니다.

요즘은 그냥 나눠주는 달력도 많지만, 너무 예뻐 꼭 소장하고 싶은 달력 또한 많은 세상입니다. 마음에 쏙 드는 달력을 발견하면 선물하고 싶은 얼굴이 떠오르기도 하지요. 달력을 나누는 사이는 한 해를 또 함께 만들어갈 가까운 사람이라는 뜻으로, 올 한 해도 잘 부탁한다는 무언의 인사 같은 것이겠지요. 동지팥죽만큼 따뜻한 달력 선물로 주변 사람들과 마음을 나누어보면 훈훈할 것 같습니다.

원통형 포장법

보자기는 묶을 수 없는 게 없을 정도로 유연하고 실용적인 포장재이지만,
길쭉한 것은 유독 포장하는 것이 어렵습니다. 납작하고 길쭉한 상자를 포장하는 방법이나
원통 형태를 포장하는 방법은 기억했다가 비슷한 형태를 이 방법으로 포장하면 한결
수월합니다. 벽에 붙이는 종이 달력은 보통 돌돌 말아 비닐로 한 번 감싸면 원통형이 됩니다.
얇은 소재의 보자기로 리본 부분을 잘 꼬아주면 예쁜 원통형 포장을 할 수 있습니다.

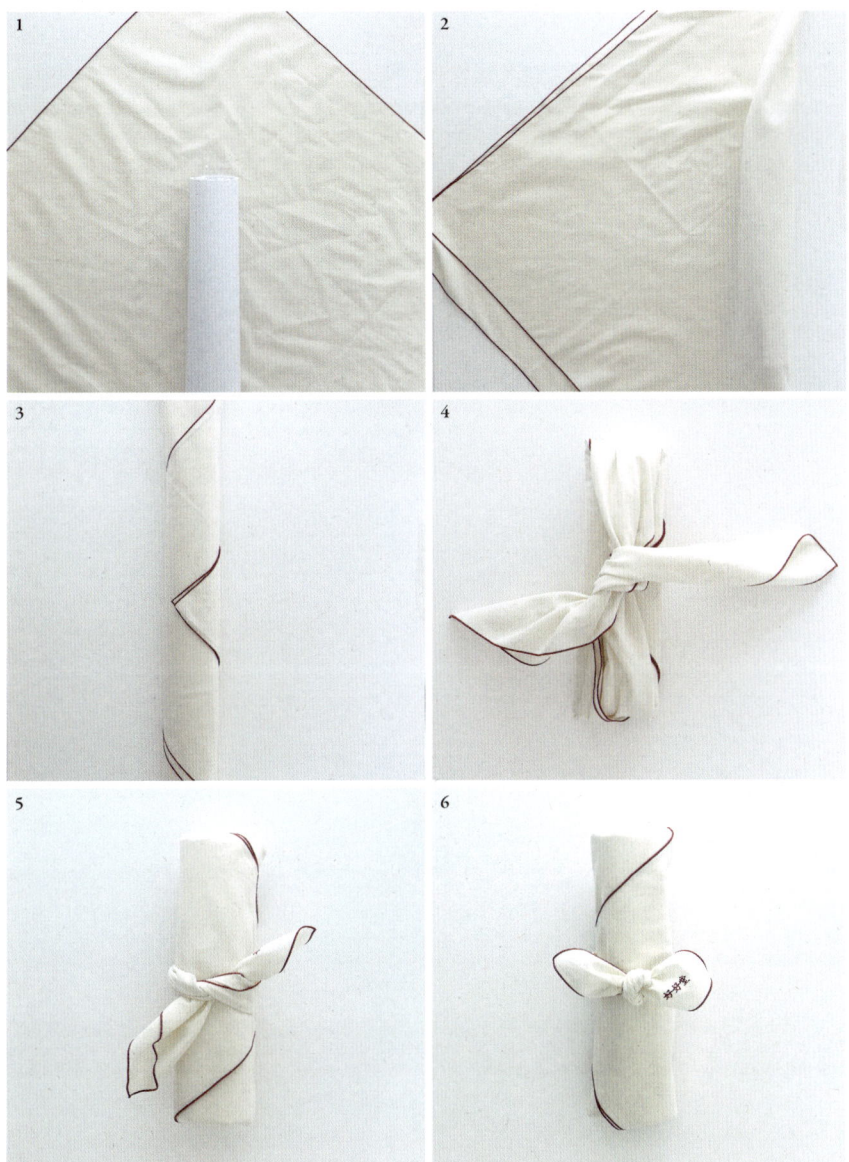

1 보자기를 마름모꼴로 펼친 후 한가운데에 돌돌 만 원통형 달력을 세로로 길게 놓습니다.

2 사진과 같이 반으로 접은 뒤

3 오른쪽부터 돌돌 말아줍니다.

4 위쪽 모서리와 아래쪽 모서리를 각각 접어 가운데에서 교차해 왼쪽과 오른쪽으로 보냅니다.

5 교차시킨 양쪽 모서리를 각각 바깥쪽으로 돌돌 말아 정리하며 앞쪽으로 가져와 한 번 질끈 묶습니다.

6 한 번 더 묶어 기본 매듭을 만듭니다. 리본 모양과 크기를 정리하며 마무리합니다.

好 ─ 섣달그믐

한 해의 마지막 날, 밤을 지새우는 풍경

섣달그믐날을 '제야除夜'라고 합니다. 이날은 집 안을 두루 살펴 깨끗이 청소하고, 묵은 물건을 추려내 정리했습니다. 깨끗하게 단장한 집 안 곳곳에 초를 밝히고, 이런저런 이야기를 나누거나 놀이를 하면서 밤을 새웁니다. 이렇게 밤을 새우면서 나쁜 기운, 잡귀가 출입하는 것을 막았습니다. 만약 이날 밤을 새우지 않고 잠들어버리면 눈썹이 희어진다는 속설이 있지요. 그런 이유로 잠든 아이의 눈썹에 흰 가루를 바르고 놀려주기도 했습니다. 한 해의 마지막 날을 환하게 밝히고 온 가족이 밤을 지새운 것은 지난 한 해를 잘 마무리하고, 새로운 한 해를 뜻깊게 맞이하기 위해서였을 것입니다. 특히, 이날만은 먼 곳에 나가서 일하는 사람이나 관직에 있는 사람도 모두 귀가해 가족과 함께 묵은해를 보냈다고 합니다. 묵은 때를 벗겨낸 집 안 곳곳에 초로 불을 밝히고, 지난 한 해의 좋았던 일과 아쉬웠던 일을 서로 이야기하며 보내는 한 해의 마지막 밤. 다가올 한 해를 희망찬 마음으로 맞이하는 시간, 가족과 함께 만들어보세요.

두 병 포장법

길쭉한 물건을 두 개 나란히 포장할 때 좋은 방법입니다.
예를 들어 초 두 개, 촛대 두 개, 참기름과 들기름 한 병씩,
화이트 와인 한 병과 레드 와인 한 병, 때론 운동화 한 켤레가 될 수도 있겠지요.

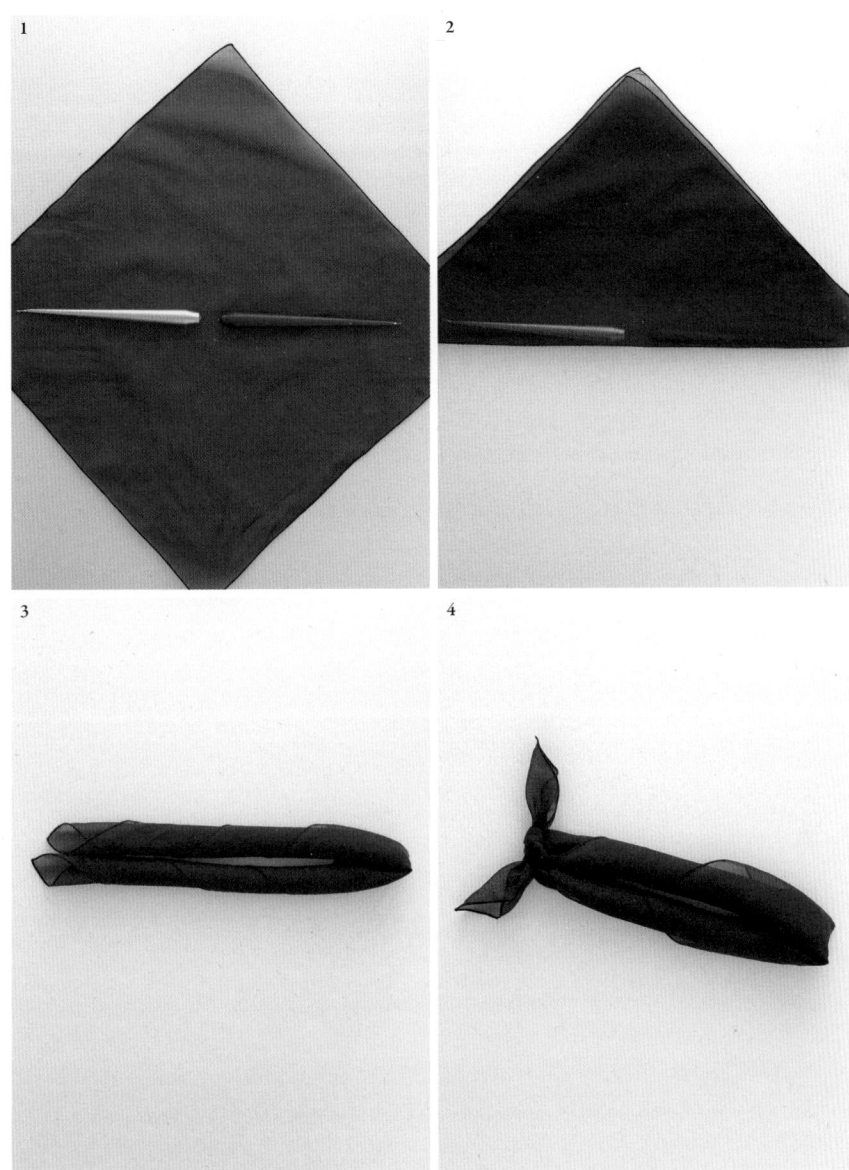

1 보자기를 마름모꼴로 펼친 후 한가운데에 초 두 개를 가로로 눕힙니다.
2 사진과 같이 빈으로 접은 뒤 돌돌 말아줍니다.
3 양쪽을 접어 만나게 합니다.
4 양 모서리를 두 번 묶어 기본 매듭으로 마무리합니다.

복을 담아 올리는 복조리

한 해의 마지막 날을 보낸 다음 날은 본격적으로 한 해의 복을 불러들이는 하루를 보냈습니다. 특히 복조리를 사서 문지방 위에 걸어두면 복이 담긴다고 믿었습니다. 섣달그믐날 밤이나 정월 초하루 아침에 복조리를 팔러 다니는 사람이 많았지요. 이 복조리는 누가 만들어도(예를 들어 집안의 머슴이 만든 것이라 해도) 꼭 값을 지불하고 사서 선물하거나 걸어두었다고 합니다. 이때 복조리는 식구 수대로 준비하며, 가정집이 아닌 상점에도 달아 복을 기원했습니다. 그리고 1년간 이 복조리를 잘 사용했다고 하지요.

오늘날의 복조리는 그 실용적 쓰임은 온데간데없이, 그저 형식적 의미로만 주고받습니다. 복조리는 곡식을 건져 올리는 우리의 주방 도구로, 스테인리스 뜰채 역할을 톡톡히 해내는 예쁘고도 쓸모 많은 생활용품입니다. 곡식을 건져내듯, 복을 담아 올릴 수 있는 복조리를 선물해 한 해 복을 기원하고, 우리나라의 멋도 함께 전할 수 있다면 이보다 더 특별한 선물도 없을 듯합니다.

토끼 매듭 포장법

쫑긋한 두 귀와 조그마한 얼굴이 토끼를 꼭 빼닮은 포장법입니다.
보자기나 손수건 색상을 연분홍색 또는 살구색으로 고르면 조금 더 토끼처럼
귀엽게 느껴지지요. 아이를 위한 보자기 포장이 필요할 때 이 토끼 매듭 포장을 해주면
쫑긋한 두 귀에 절로 미소 지을 거예요.

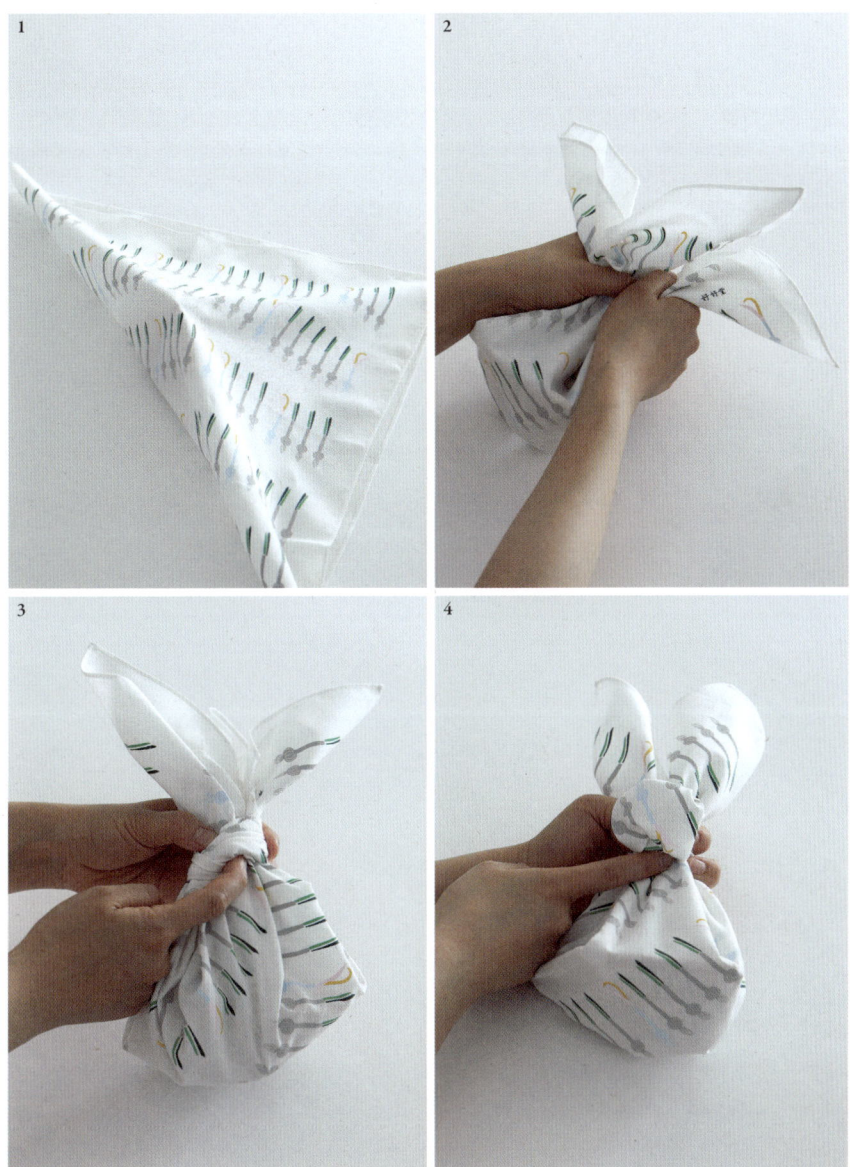

1 보자기를 마름모꼴로 펼친 후 복조리를 놓고 아래쪽 모서리를 접어 올려 위쪽을 덮습니다.
2 네 모서리를 맞잡은 뒤, 한쪽 모서리로 나머지 세 모서리를 둘러 묶습니다.
3 끝부분은 둘러 묶은 모서리의 아래쪽에 쏙 끼워 넣어 고정합니다.
4 세 모서리 중 길이가 비슷한 두 모서리를 쫑긋하게 세워 귀로 만들고, 나머지 한 모서리는
아래쪽으로 접어 내려 끝부분을 둘러 묶은 부분의 안쪽에 끼워 넣어 토끼 얼굴을 만듭니다.

3장

일상의 선물

好 ─ 어버이날, 스승의 날

好 ─ 외국인 친구 선물

好 ─ 어린이 선물

好 ─ 크리스마스

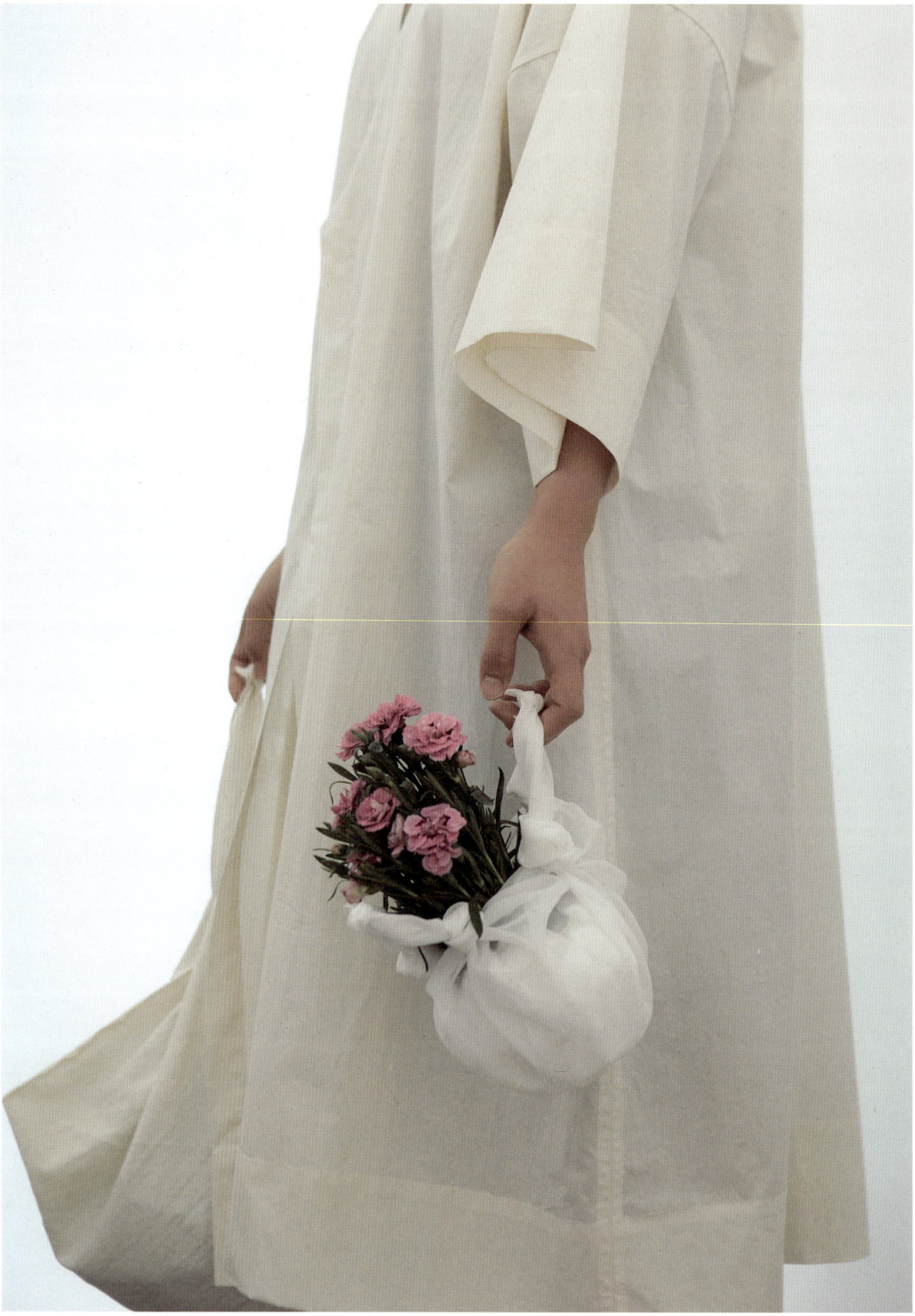

어버이날, 스승의 날

어버이날과 스승의 날을 맞아 거창한 선물을 생각하는 경우가 많습니다. 특히 스승의 날 선물은 준비하는 이와 받는 이 모두 부담스러워 기념일의 본질마저 흐려지는 경우가 있습니다. 이런 날 좋은 선물이 바로 '꽃'이 아닐까 싶습니다. 마음을 담아 건네기에 꽃만큼 적당한 선물이 또 있을까요? 5월을 대표하는 꽃은 카네이션입니다. 가슴 한쪽에 살포시 달린 카네이션 한 송이는 선생님과 부모님께 5월에 드릴 수 있는 행복이자 뿌듯함이지요. 자그마한 카네이션 화분을 선물하기 좋게 포장하는 방법과 손수건을 활용해 카네이션 꽃다발 만드는 법을 배워두면 매년 두고두고 유용할 것입니다. 보자기와 손수건을 활용하는 포장법은 아름다우면서 쓰레기를 배출하지 않아 더욱 좋습니다. 또한 꽃은 물론이고 보자기나 손수건까지 함께 선물할 수 있어 일석이조이지요.

양쪽 손잡이 보자기 가방 포장법

화분 포장하기에도 좋고, 토트백으로
사용하기도 좋은 모양의 양쪽 손잡이 보자기 가방입니다.

1 보자기를 펼친 후 한쪽 모서리를 잡습니다.

2 한 번 질끈 묶어줍니다.

3 같은 방법으로 나머지 세 모서리도 묶어줍니다.

4 왼쪽 위아래 모서리를 맞잡아 묶고, 오른쪽 위아래 모서리를 맞잡아 묶어 손잡이를 두 개 만듭니다.

손수건을 이용한 꽃다발 포장법

완벽하게 포장하는 꽃다발이 아닌, 곧 벗겨질 듯 포장하게 되는 꽃 몇 송이는
이렇게 손수건으로 포장하면 쓰레기를 줄일 수 있지 않을까요.
트럭에서 파는 카네이션 한 다발을 보고 떠오르는 얼굴이 있다면, 가방 속 손수건을 꺼내어
즉석 꽃다발을 만들어 선물해보세요. 카네이션과 함께 손수건도
선물할 수 있어 그 어떤 것보다 따뜻하고 정성 어린 선물이 될 것입니다.

1 손수건을 마름모꼴로 펼친 후 한가운데에 꽃다발을 놓습니다.
2 세 모서리를 위쪽으로 올려 마주 잡은 뒤, 한쪽 모서리를 잡습니다.
3 한쪽 모서리로 세 모서리를 둘러 단단히 묶어줍니다.
4 모서리 끝을 둘러 묶은 부분 밑에 쏙 끼워 넣어 고정합니다.

외국인 친구 선물

친구나 손님이 우리나라에 놀러 오면 꼭 소개해주고 싶은 것이 있습니다. 모두 맛을 궁금해하는 소주와 막걸리 그리고 입 모아 칭찬하는 김과 김치, 마스크 팩 같은 화장품 등이지요. 만약 별도로 쇼핑할 시간이 없는 친구라면 '한국 체험'의 의미로 유명한 것을 여러 가지 모아 세트로 만들어 전하세요. 일 때문에 한국을 방문해 맛있는 식당 한 번 들를 마음의 여유가 없는 외국인 친구나 바이어라면 한국을 찾은 이들이 한 번쯤 궁금해했을 것, 혹은 소개하고 싶은 것을 상자에 담아 선물해보세요. 작은 상자 안에 한국인의 일상이 고스란히 담겨 있으니 나중에 자기 나라로 돌아가 들려줄 이야기가 넘쳐날 테지요. 미처 구석구석 돌아다녀보지 못한 한국이란 나라가 조금 더 정겹게 느껴지지 않을까요?

두 잎 매듭 포장법

보자기 위에 잎사귀 두 장이 살포시 내려앉은 듯한 포장법입니다.
홑겹보자기보다는 겹보자기가, 그리고 배색이 화려한 보자기로 포장했을 때
더욱 아름답습니다. 포장법은 쉽지만, 보자기와 상자의 비율이 잘 맞아야 예쁘게
포장할 수 있습니다. 상자에 비해 보자기가 너무 클 경우 잎사귀가 지나치게 커서
포장을 덮어버릴 수도 있으니 상자 크기를 잘 선택하세요.

1 보자기를 마름모꼴로 펼친 후 한가운데에 선물 상자를 놓습니다.

2 위쪽 모서리와 아래쪽 모서리를 맞잡습니다.

3 왼쪽 모서리와 오른쪽 모서리를 맞잡고 ②를 서로 교차해 앞쪽으로 한 번 묶습니다.
묶인 부분 여분의 모서리는 안쪽으로 집어넣어 정리합니다.

4 위쪽 모서리와 아래쪽 모서리를 잎사귀 모양으로 정리합니다.

수저 선물

음식을 통해 그 나라의 생생한 문화를 접하게 됩니다. 특히 아시아권이 아닌 다른 지역에서 한국으로 여행 온 이에게는 젓가락을 사용하는 모습이 인상 깊게 느껴질 테지요. 외국인을 위한 선물로 한국의 멋이 담긴 놋수저에 받는 이의 이름을 각인해 자주 선물하는데, 본국으로 돌아가서도 한국 음식을 먹을 때 그에 어울리는 커틀러리를 준비했으면 하는 마음에서입니다. 스테이크를 먹을 때는 스테이크용 나이프를 챙기고, 퐁뒤를 먹을 때는 그에 맞는 조리 도구를 챙기는 것처럼 살면서 가끔일지라도 한국 요리를 준비해 먹을 때 본인 이름이 새겨진 숟가락과 젓가락을 꺼내어 즐길 수 있다면 그 시간이 더욱 특별하게 느껴지지 않을까요?

그래서 외국인을 위한 선물로 은수저나 놋수저를 추천합니다. 아시아권 친구가 아닌 경우에는 매일 사용하는 것이 아니기에 누비 수저집에 넣어 선물합니다. 이 선물을 받은 이는 보자기 포장에 한 번, 뽀얀 누비 수저집에 또 한 번, 그리고 자기 이름이 각인된 놋수저에 다시 한번 감탄합니다. 젓가락질을 못하는 사람에게도 포크보다는 수저 세트를 건네는 이유는 '문화'를 함께 선물하고 싶기 때문입니다. 포장법은 74쪽 기본 매듭 포장법을 참고하세요.

어린이 선물

전통적인 아름다움 외에도 보자기를 일상 속에서 두루 사용하면 좋은 이유는 많습니다. 그중 대표적인 것이 '친환경', 즉 몇 번이고 재사용이 가능하다는 것이고, 또 다른 이유는 '유연함'입니다. 이 두 가지 이유는 제가 어린이들에게 보자기라는 것을 소개하고 싶은 이유이기도 합니다.

어린이를 위한 선물이 참 많지요. 특별한 날에도, 혹은 일상의 보통 날에도 어린이는 선물을 참 많이 받습니다. 그때마다 잔뜩 쌓이는 포장지를 보면서 뜨끔할 때가 있습니다. 아이들이 살아갈 미래를 생각한다면 이렇게 많은 쓰레기를 만들어내지 말아야 할 텐데, 싶거든요.

이럴 때 보자기를 이용해보면 어떨까요. 물론 학이나 용무늬 원단 대신 알록달록한 원단이나 아이가 좋아하는 캐릭터 원단이면 더욱 좋겠지요. 선물을 포장해서 건네고, 그걸 즐겁게 풀어보게 한 뒤, 그 보자기를 다시 아이가 사용하게 하면 버리는 것 없는 알찬 선물이 될 거예요.

그 보자기는 놀이 매트가 되고, 더운 여름 아이의 땀을 닦아주는 손수건이 되며, 때론 도시락 가방이나 장난감 보관함이 되기도 할 겁니다. 상황에 맞는 보자기 사용법을 배우는 것, 그리하여 쉽게 버리는 게 습관되지 않게 하는 것, 행복한 지구를 위한 소중한 교육이 되리라 믿습니다.

펼치면 매트가 되는 보자기 가방

놀이 매트 겸용 가방 포장법

그림 그릴 때는 넓게 펼쳐 놀이 매트처럼 사용하고, 정리할 때는 그대로 감싸 매듭지으면
그림 도구가 담긴 보관함이 됩니다. 방수 원단을 사용하면 더욱 좋습니다.

1 보자기를 네모나게 펼쳐놓습니다.

2 아래 왼쪽과 오른쪽 모서리를 맞잡아 두 번 묶어 기본 매듭을 만듭니다.

3 위 왼쪽과 오른쪽 모서리를 맞잡아 두 번 묶어 기본 매듭을 만듭니다.

4 가방을 만든 후 물건을 넣어도 되지만, 매트에 물건을 올린 상태로 가방을 만들어도 됩니다.

레고 블록 보관

보자기를 자주 쓰다 보면 이것만큼 쓰임새가 유연한 보관함이 또 있을까 싶습니다. 차곡차곡 접어두었다가 필요할 때 무엇이든 담아놓으면 완벽한 분리 수납이 이루어지지요. 여기저기서 선물 받거나 물려받은 레고 블록이 한데 뒤섞여 어떤 세트를 만드는 것인지 기억나지 않을 때 손수건과 보자기만큼 분리 수납을 책임지는 물건이 없지요. 아이 선물은 꼭 예쁜 손수건으로 포장한 후 그대로 보관하며 사용하기를 추천합니다. 장난감과 함께 예쁜 전용 보관함, 그리고 손끝 여물게 포장하는 방법, 나아가 정리하는 습관까지 함께 선물한다면 이보다 더 좋을 수는 없겠지요

손잡이 가방 포장법

보관도, 이동도 쉬운 일석이조의 가방 포장법입니다. 세트를 구분해 보관해야 하는
레고 블록의 경우 더 요긴한 포장법이지요.

1 보자기를 펼친 후 아래 왼쪽 모서리와 오른쪽 모서리를 맞잡습니다

2 두 번 묶어 기본 매듭을 만듭니다.

3 위 왼쪽 모서리와 오른쪽 모서리를 맞잡습니다.

4 레고 블록을 넣은 뒤 ②의 기본 매듭 안쪽으로 ③을 넣어 반대쪽으로 빼냅니다.

5 빼낸 양쪽 모서리를 바깥쪽으로 돌돌 맙니다.

6 끝부분을 두 번 묶어 손잡이를 만듭니다.

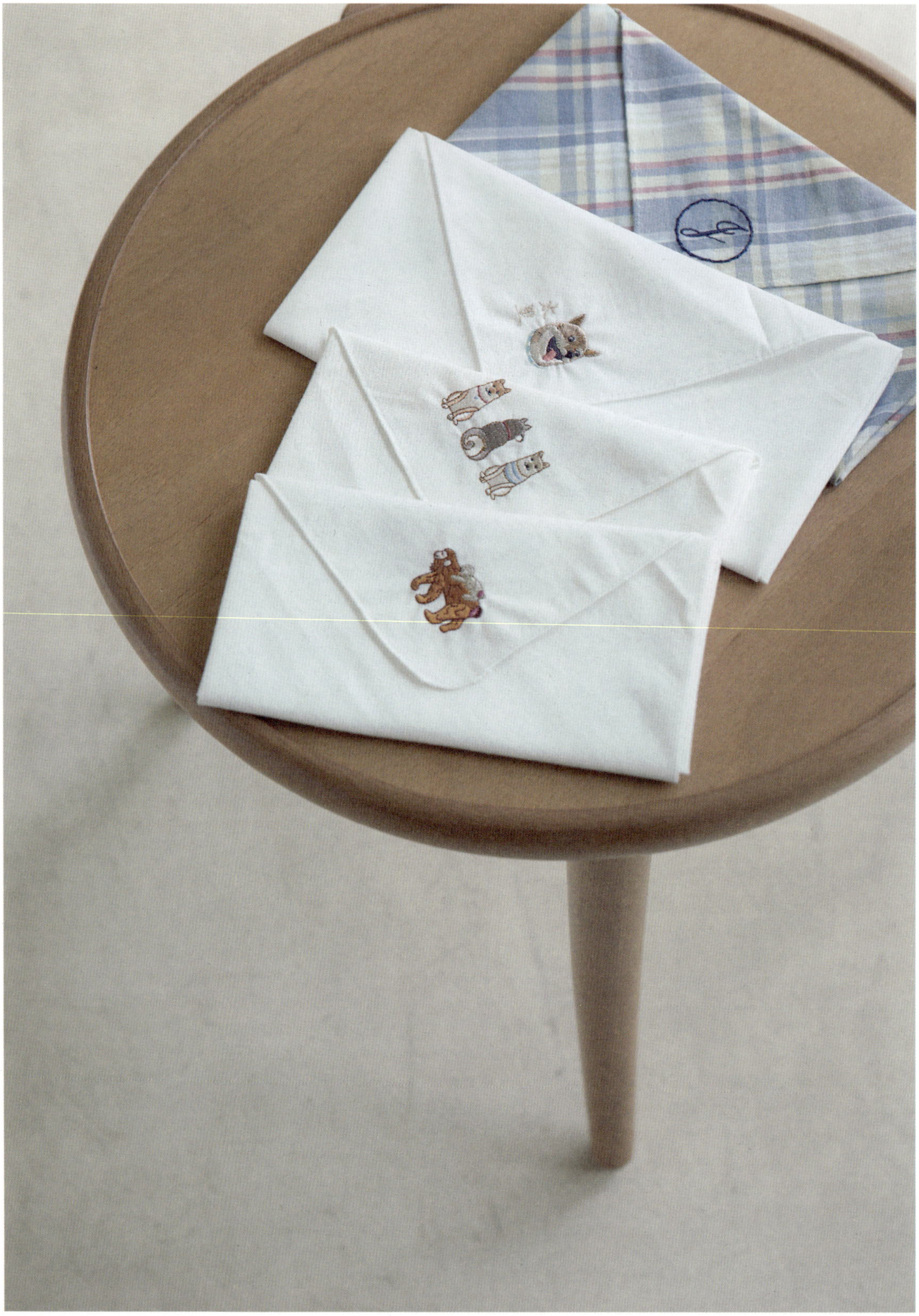

용돈 봉투 포장

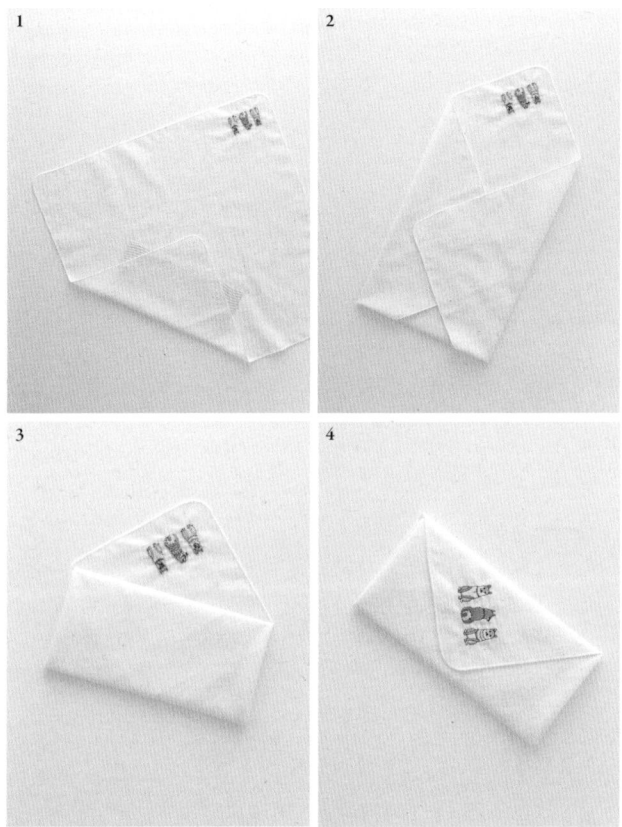

예를 갖춰 선물하지 않으면 진심을 오해받기 딱 좋은 것이 바로 돈입니다. 어르신 용돈도 돈만 드리거나 은행 봉투 그대로 건네면 그냥 '돈'이지만, 예쁜 봉투에 담아 전하면 '정성'이고 '마음'이 되지요. 하지만 많은 이가 아이에게 주는 용돈까지는 그렇게 신경 쓰지 않는 것 같습니다. 돈에 대해 많은 교육을 받아야 할 세대인데 말이에요. 아이 용돈을 선물하기 위한 용돈 보자기, 용돈 봉투에 작은 정성을 더해보세요. 짧게나마 곁들이는 편지도 함께 말이지요. 주머니에서 휙 꺼내 건네는 5만 원보다 고운 봉투에 담아 덕담과 함께 건네는 5만 원은 아이 마음속에 다르게 기억될 것입니다.

손수건을 활용한 용돈 봉투 포장법

1 손수건을 마름모꼴로 펼친 후 아래쪽 가운데에 봉투를 놓고 아래쪽 모서리를 위로 접어 올려 봉투 밑에 집어넣습니다.

2 왼쪽 모서리는 오른쪽으로, 오른쪽 모서리는 왼쪽으로 각각 접습니다.

3 아래서부터 차곡차곡 접습니다.

4 위쪽 모서리를 아래로 접어 내려 마무리합니다.

인형 가방 포장법

아이 장난감을 정리할 때 가장 힘든 순간은 '무리 짓기 어려운 장난감'을 정리해야 할
때입니다. 책 코너와 인형 코너, 블록 코너와 그림 코너 그 어디에도
정리하기 힘든 장난감은 한데 모아 보자기로 묶어 보관해보세요.
보자기 가방 중 물건을 가장 많이 보관할 수 있는 방법을 알려드립니다.

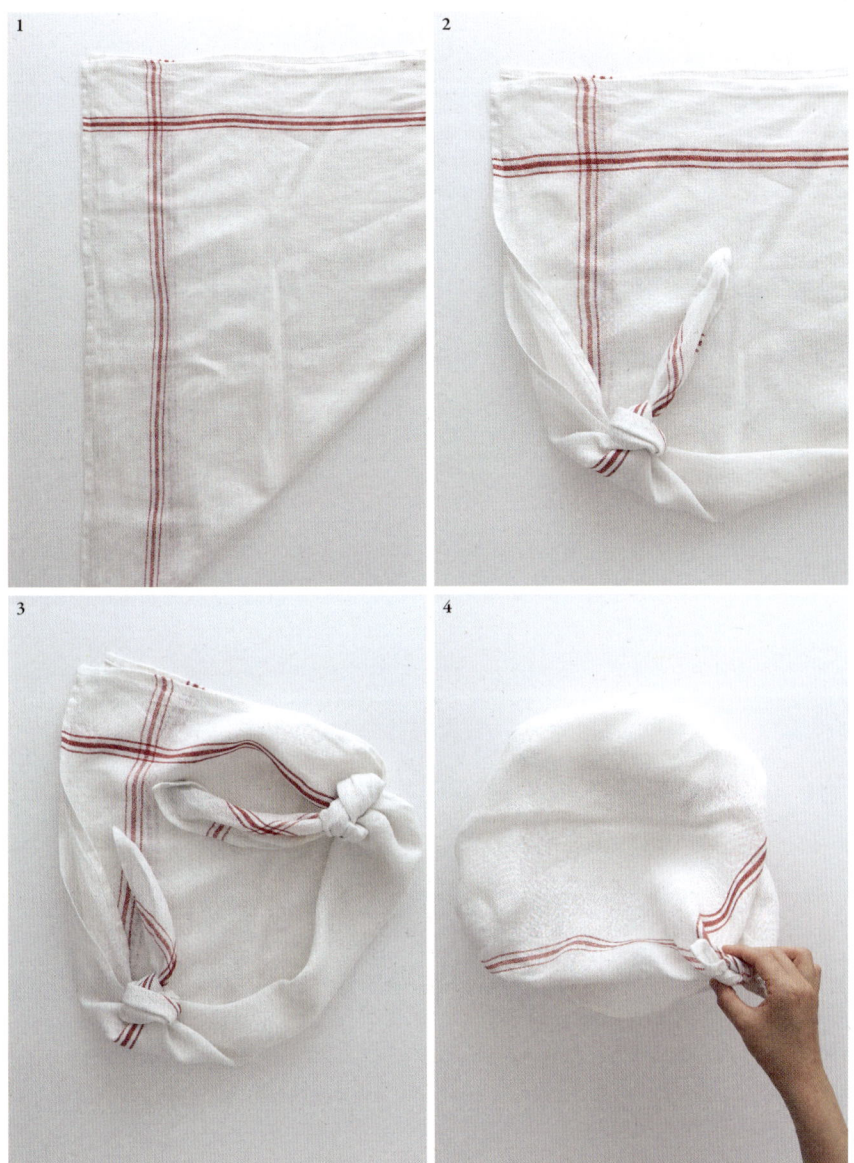

1 보자기를 펼친 후 삼각형으로 접습니다.

2 왼쪽 아래 모서리를 질끈 묶습니다.

3 반대쪽 모서리도 질끈 묶은 뒤, 안팎을 뒤집어줍니다.

4 위쪽 두 모서리를 맞잡아 두 번 묶어 손잡이를 만듭니다. 안에 내용물이 들어가야
모양이 잘 잡힙니다.

크리스마스

크리스마스가 되면 가슴이 설레곤 합니다. 커다란 트리도, 반짝이는 불빛도, 빨강·초록·금색 장식도 많은 이의 마음속에서 넘실댑니다. 12월이 다가오면 집 안 곳곳에 연말 기분, 크리스마스 분위기를 더하고 싶지만, 집안에 커다란 트리를 들여놓기도 마땅치 않고, 특히 연말이 지나면서부터 보관과 관리가 어려운 커다란 소품은 부담스럽기도 합니다. 이때 가볍게 크리스마스 기분을 낼 수 있는 손수건 포장법 몇 가지를 추천합니다. 손수건이나 보자기의 좋은 점은 무엇이든 묶을 수 있고, 또다시 쉽게 풀 수 있으며, 납작하게 접으면 작은 서랍에 넣어 보관하기 좋다는 것입니다.

크리스마스 느낌이 물씬 나는 손수건을 준비했다가 집 안 곳곳에 장식해 연말 기분을 더해보세요. 혹시 이웃에 선물할 일이 있을 때도 활용하면 아주 좋습니다. 크리스마스가 지난 후 정리할 때도 손수건으로 묶어 보관해두면 좋겠지요.

둥근 형태를 위한 손잡이 포장법

공처럼 둥글둥글한 것을 포장할 때 좋은 방법입니다. 둥글면 둥글수록 이 포장법이 빛을
발합니다. 한여름에 수박을 포장할 때, 집에 있던 축구공을 이웃 아이에게 선물할 때 이만큼
유용한 포장법이 없습니다. 둥글둥글한 스노볼도 마찬가지입니다. 이렇게 포장한 물품은
별도의 쇼핑백이 필요 없어 그대로 선물할 수 있습니다.

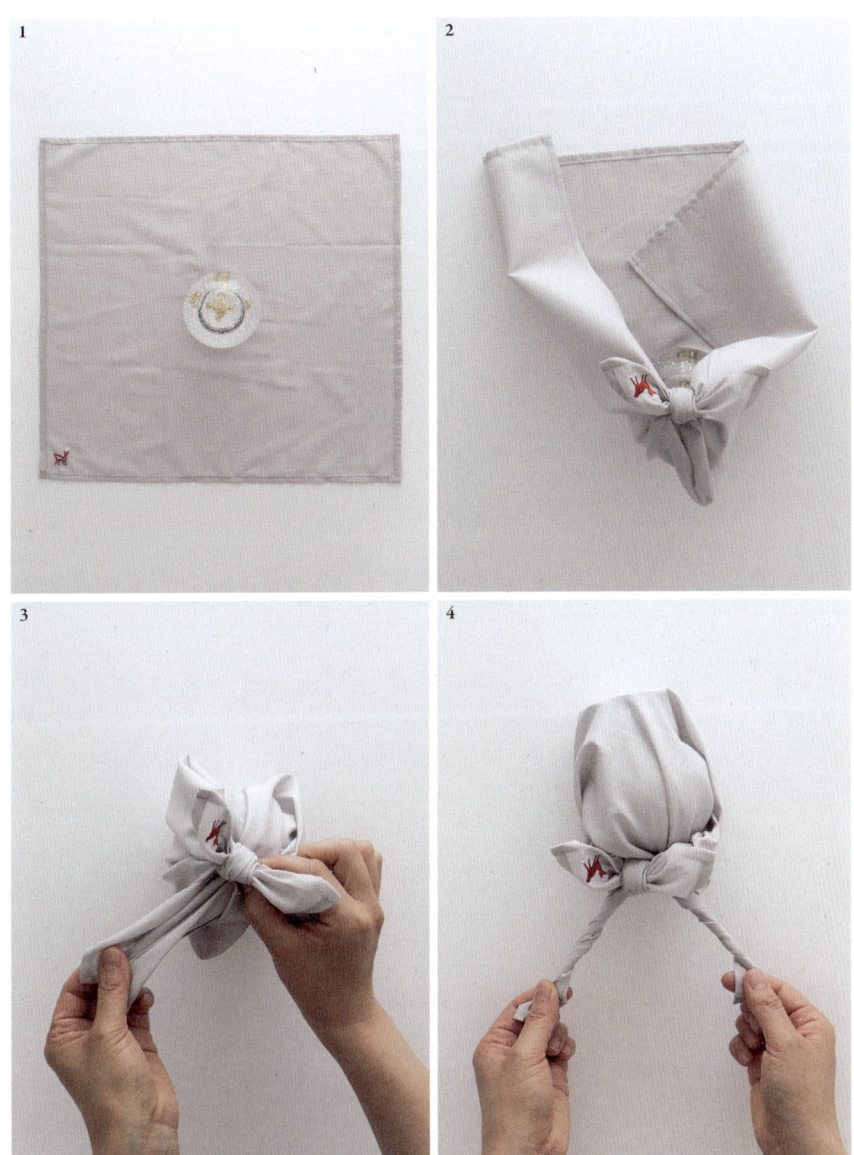

1 보자기를 네모반듯하게 펼쳐놓습니다.

2 아래 왼쪽 모서리와 오른쪽 모서리를 맞잡아 두 번 묶어 기본 매듭을 만듭니다.

3 위 왼쪽 모서리와 오른쪽 모서리를 맞잡아 ②에서 만든 매듭 안쪽으로 넣어 빼냅니다.

4 빼낸 모서리를 모두 바깥쪽으로 돌돌 말아 끝부분을 두 번 묶어 손잡이를 만듭니다.

한 병 포장법

물병, 텀블러를 비롯해 좋은 기름이나 와인 등을 묶어 선물하기 좋은 포장법입니다.
친구 집에 갑자기 초대받았을 때 집에 있는 와인 한 병 들고 가면 좋을 것 같은데,
마땅한 상자가 없어 고민한 적이 있을 겁니다. 상자도, 쇼핑백도 마땅치 않을 때는
면 보자기나 안 쓰는 스카프 등으로 포장하면 좋습니다. 특히 외국인 친구에게
와인을 선물할 때 이렇게 포장해보세요. 와인보다 더 기억에 남는 좋은 선물이 될 거예요.

1 보자기를 마름모꼴로 펼친 후 한가운데에 와인병을 세워놓습니다.
2 왼쪽 모서리와 오른쪽 모서리를 맞잡아 와인 코르크 위에서 단단히 한 번 묶고, 묶은 두 모서리를
바깥쪽으로 돌돌 만 다음, 끝부분을 두 번 묶어 손잡이를 만듭니다.
3 나머지 두 모서리를 뒤쪽에서 교차합니다.
4 ③의 두 모서리를 앞쪽으로 가지고 온 뒤 두 번 묶어 매듭을 만듭니다. 리본을 예쁘게 매만져
마무리합니다.

접시를 이용한 손잡이 바구니 포장법

작은 접시나 상자, 소쿠리 등을 손수건이나 보자기로 감싸 손잡이가 달린 바구니로 만드는
포장법입니다. 사탕을 담아 들고 가야 하거나, 자질구레한 것을 담아 걸어두어야 하는 등
손잡이 달린 바구니가 필요할 때가 종종 있지요. 이런 쓰임이 딱 한 번이라면 일부러
'손잡이 달린 바구니'를 구입하기가 아깝게 느껴집니다. 손수건을 이용해 바구니를 만들고,
쓰임이 끝나면 다시 풀어 손수건으로 사용하면 됩니다. 손쉽게 만들 수 있고,
손수건 색상과 문양에 따라 여러 상황에 어울리는 기분을 낼 수 있어 아주 실용적입니다. .

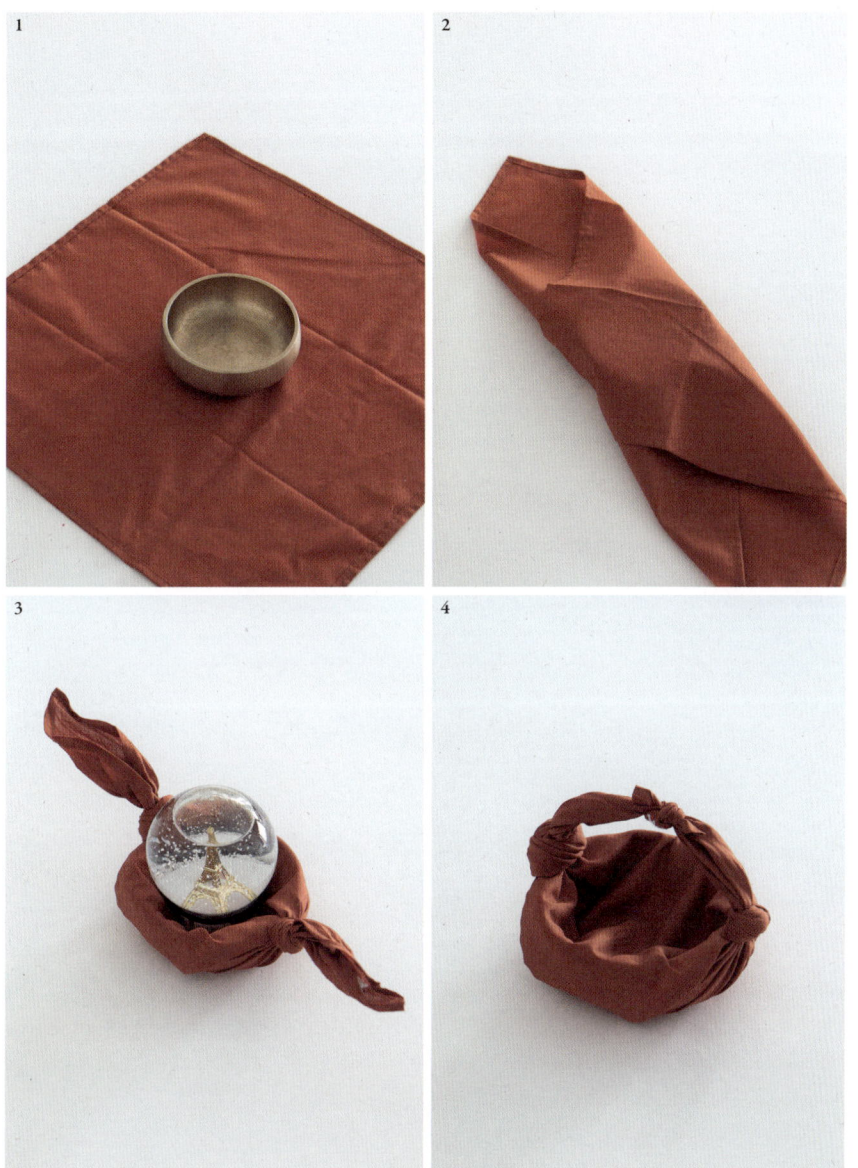

1 손수건을 마름모꼴로 펼친 후 한가운데에 접시를 놓습니다.
2 아래쪽 모서리를 접어 올리고, 위쪽 모서리를 접어 내립니다.
3 왼쪽 모서리와 오른쪽 모서리를 각각 질끈 묶습니다. 이때 무게감 있는 물건을 놓고 묶으면
모양을 잡기가 한결 수월합니다.
4 ③의 왼쪽 모서리와 오른쪽 모서리를 마주 올린 후 두 번 묶어 매듭지어 손잡이를 만듭니다.

4장

좋은 일만 있으라고,
好好堂

好 — 호호당은

好 — 호호당과 함께하는 브랜드

호호당은

호호당은 한국의 색이 담긴 생활용품을 만듭니다. 한국에서 태어나 살아
가면서 만나는 좋은 날, 의미 있는 순간을 위한 다양한 물건을 현대적으로
재해석해 선보입니다. 전통을 무겁지 않게, 쓸모 있게, 무엇보다 근사하게
오늘날의 삶 속에 담고자 노력합니다.

호호당 제품에는 많은 이야기가 담겨 있습니다. 아이 옷에는 장수를 상징
하는 선한 동물인 사슴 두 마리를 수놓아 아이 건강과 행복을 빌고, 배냇
저고리와 새하얀 손수건에는 모든 사람의 심장 속에 숨어 있는 동물이라
는 띠 동물을 수놓습니다. 태어나서 처음 받는 귀한 선물인 돌 반지는 아
이의 건강과 풍요를 기원하는 과실 모양으로 만듭니다. 주방에서 채소 씻
고, 요리할 때 손의 물기를 닦기 위해 두르는 앞치마는 우리 전통 옷의 주
름치마 모양 그대로 만들어 건강한 삶을 가꾸는 그 몸짓을 단아하면서도
정갈하게 해줍니다.

이러한 물건들과 함께할 때 우리는 좀 더 건강하고, 소박하며, 행복하고,
아름답게 살아갈 수 있는 것 같습니다.

호호당은 우리가 만드는 이 물건들로 이 땅에서 살아가는 사람들의 삶 곳
곳에 자연스럽게 스며들어 일상을 조금 더 정겹고 따뜻하게 만드는 브랜
드가 되고자 합니다.

호호당과 함께하는 브랜드

여러 브랜드의 색이 담긴 보자기를 만들고 묶어왔습니다.
브랜드들이 소비자에게 전하는 가치를 듣고, 이를 보자기에 담는 소중한 작업입니다.

1
-

SM 엔터테인먼트 × 호호당

동방신기의 팬들을 위한 제작 상품으로 호호낭의 놋수저와 누비 수지집, 그리고 보자기 포장이 함께한 작업이었습니다. 해외에서도 큰 사랑을 받는 그룹이니만큼 한국적 아름다움이 담긴 상품을 통해 한국 문화를 널리 알릴 수 있는 기회라고 생각합니다. 이후 이 상품을 구입한 팬의 후기가 잊히지 않습니다. "동방신기 제작 상품으로 혼수를 마련할 수 있겠네요."

2
-

광주요 × 호호당

대학원에서 조교로 일하던 시절, 한식 교육 프로그램을 통해 한국 요리를 배우던 광주요 조태권 회장님의 뒷모습을 뵌 적이 있습니다. 한국 요리를 잘 알아야 그 요리를 담는 그릇을 더 잘 만들 수 있다고 말씀하셨다고 합니다. 이후 '하나의 그릇을 위한 보자기' '특별한 날을 위한 보자기' '일상의 선물을 위한 보자기' 등 광주요의 보자기 리뉴얼 작업을 하면서 조태권 회장님의 말씀을 떠올렸습니다. 아름다운 한국 문화를 더욱 널리 알리기 위해 기획한 광주요의 보자기는 단아한 광주요 그릇과 많이 닮았습니다.

3
-

TWL × 호호당

TWL(THINGS WE LOVE)은 쓰임이 유용하고 아름다운 전 세계 일상
용품을 소개하는 편집매장입니다. 매장 안에는 유럽과 미국, 일본과 한
국 제품이 조화롭게 어우러져 있지요. 들어서는 순간 선물하고 싶은
이의 얼굴이 떠오르는 TWL은 결혼을 앞둔 이나 외국인 친구에게 줄 선
물을 찾는 이를 위해 한국의 보자기도 갖춰놓고 있습니다. 흰 면 보자
기에 로고를 수놓은 조금 가벼운 것도 있지요. 멋쟁이 손님들이 한국의
보자기로 유럽 제품을 포장하는 모습이 어색하지 않은 곳입니다.

4
-

오리온 초코파이 하우스 × 호호당

일과 여행으로 다른 나라를 찾을 때면 그 나라를 대표하는 다과를 사
오는 경우가 많습니다. 부담 없는 선물이기도 하고, 돌아와 한국에서 가
족이나 친구들과 둘러앉아 여행 이야기를 하며 나누어 먹기도 좋은 기
념품이니까요. 오리온 초코파이 하우스의 초코파이를 위한 보자기를
만들며 이런 모습을 떠올려봤습니다. 한국의 많은 사람이 어릴 적부터
간식으로 즐겨 먹은 '우리 마음속의 초코파이'를 외국인 관광객이 보자
기로 포장해 하나씩 가지고 본국으로 돌아가는 모습. 그리고 그 초코파
이를 하나씩 먹으며 가족과 친구에게 한국에서의 즐거웠던 일들을 이
야기하는 모습을 말입니다.

5
-

〈행복이가득한집〉 × 호호당

잡지 〈행복이가득한집〉 독자를 위해 수업을 진행할 때마다 기분이 무척 좋아집니다. 특히 오랜 정기 구독자들은 어찌나 〈행복이가득한집〉과 그리 닮아 있던지요! 독자들께 보내드리는 부럼 선물을 포장하기 위해 몇 가지 소재를 두고 고민하다가 결국 주방에서 두고두고 쓰임이 좋은 광목으로 결정한 뒤 보자기를 만들었습니다. 마치 명절에 친척이 모인 것처럼 모두 둘러앉아 보자기 포장을 한 기억이 새롭습니다. 그 정성이 분명 독자들께 전해졌을 것이라 믿습니다.

6
-

동화약품 × 호호당

동화약품의 기념품으로 준비한 놋수저와 수저집, 그리고 동화약품을 위한 부채표 보자기입니다. 이렇게 오래도록 하나의 심벌로 많은 사람의 가슴속에 살아 숨 쉬는 브랜드가 몇이나 될까요? 그 부채표 보자기에 새기며, 무척 설레는 기분이었습니다. 가장 수수한 매듭으로 담백하게 묶은 포장임에도 보는 순간, 누구나 '동화약품'을 떠올리게 하는 부채의 힘! 좋은 브랜드가 지닌 힘을 실감한 보람찬 작업이었습니다.

7
-

빅토리아 슈즈 × 호호당

협업을 통해 더욱더 좋아지는 브랜드가 있습니다. 스페인에서 온 이 귀여운 브랜드와 보자기, 그리고 자수를 이용한 협업을 진행하며 백년 기업에서 우러나오는 여유와, 신발을 통해 많은 이에게 알리고자 하는 브랜드 가치에 대해 귀 기울이게 되었습니다. "걸음걸음마다 사랑받기를, 그리고 너의 하루에 좋은 일만 있기를!" 빅토리아 슈즈와 호호당이 의미 있는 협업을 진행하는 동안 몇 번이고 떠올린 문장입니다.

8
-

발렉스트라 × 호호당

먼 나라에서 온 브랜드 제품을 위한 보자기를 만들기도 합니다. 그것도 두근두근할 정도로 멋진 제품을 포장할 용도로 보자기를 제작하는 경우가 있지요. 그럴 땐 마냥 설레다가도 문득 걱정이 되기도 합니다. 전통과 현대, 그리고 서양과 동양의 아름다움이 함께 만나는 순간이라고 생각하기 때문입니다. 하지만 간결하고 단정한 발렉스트라의 가방과 유연하고 담백한 한국의 보자기는 보란 듯이 잘 어울렸고, 이 협업은 3년째 계속하고 있습니다. 오랜 시간 많은 이의 사랑을 받으며 성장한 전통 있는 브랜드는 어떤 나라에서든 그 나라의 전통 역시 존중한다는 것을 느끼는 협업입니다.

9
-

프리츠 한센 × 호호당

프리츠 한센의 아름다운 리빙 오브제를 보자기로 포장하면서 가장 궁금했던 건 '이 물건은 어느 집으로 가서 사랑받을까?'였습니다. 보자기는 가장 한국적 포장재입니다. 그리고 무엇이든 묶을 수 있지요. 한국의 전통 물품이 아닐지라도 보자기로 둘러 묶으면 결혼이나 명절, 혹은 예를 다하고 싶은 자리에 어울리는 포장이 됩니다. 프리츠 한센의 '오브젝트 기프트' 역시 모던하고 감각 있는 '요즘' 선물에 예를 더하는 작업이었기를 바랍니다.

10
-

현대자동차 × 호호당

현대자동차의 색이 담긴 복주머니 형태의 향낭과 방향제, 그리고 포장용 보자기입니다. 예부터 향낭은 먼 길 떠나는 여행길 짐 속에 넣어 방충·방부 역할을 하기도, 또 두통 해소와 소화에 도움 되는 향을 담아 건강을 위하기도 했으며, 평소 좋아하는 향을 섞어 담아 몸에 지니며 향 자체를 즐기는 용도로 사용하기도 했습니다. 현대자동차와의 협업으로 탄생한 향낭은 얇은 여름 한복을 떠오르게 하는 노방 소재에 천연 아로마로 만든 향을 담아 차 안에 걸거나 여행 캐리어에 담을 수 있는 복주머니 형태의 방향제입니다. 전통의 모양, 현대의 컬러, 모던한 향이 함께 어우러진 잊지 못할 작업입니다.

11
-

설화수 × 호호당

설화수와 작업을 진행할 때면 늘 많은 것을 느낍니다. 신제품을 위한 보자기를 만들 때는 그 제품에 담긴 재료, 제품을 만든 기술, 이름과 색상 등을 모두 분석합니다. 특별한 행사를 위한 보자기라면 계절과 장소, 그리고 행사 목적에 따라 소재와 포장법을 정합니다. 그 모든 과정에서 한국의 아름다움과 그 문화를 지키려는 브랜드의 깊은 애정이 느껴집니다. 설화수의 보자기는 '그냥 보자기'가 아닌, 받는 이의 상황과 기분까지 고려해 준비하는 가장 한국적이고 단아한 포장입니다.

12
-

그랜드 하얏트 × 호호당

그랜드 하얏트 호텔의 소규모 예식 중 한국적 아름다움이 담긴 스타일이 있습니다. 보자기를 비롯한 한국적 소품이 가득한, 단아한 예식이지요. 남산이 한눈에 내려다보이는 공간에서 가까운 이들만 모이는 작지만 기품 있는 자리를 만들기 위해 많은 이와 머리 맞대고 보자기 컬러, 화기, 매듭, 포장법 등에 대해 이야기 나누던 때가 떠오릅니다. 큰 공간을 보자기로 채워 연출한, 기억에 남는 공간 스타일링입니다.

양정은

숙명여자대학원에서 전통식생활문화연구를 전공했고, 한국의 요리와 생활에 대한 애정을 바탕으로 소신 있는 작업을 이어가고 있습니다. '맑은 물 길어 밥 짓는 곳, 정미소井米所'라는 한식당의 오너 셰프로 비빔밥과 전통 요리를 현대적으로 풀어내 소개했습니다. 현재는 '좋은 일만 있으라고, 호호당'을 운영하며 보자기를 이용한 아름다우면서도 친환경적인 포장법과 함께 한국의 아름다움이 담긴 생활 소품을 선보이고 있습니다. 지은 책으로는 《호호당의 선물요리》(2014, 황금시간)가 있습니다.

촬영 장소 협조   파라다이스문화재단 '파라다이스ZIP'(02-2278-9852)

소품 협찬   광주요(02-3446-4800), 달실 작가, 아리지안(02-543-1248), 조병주 작가, 조은숙 아트앤라이프스타일 갤러리(02-541-8484), TWL SHOP(02-6953-0151)

식물 협찬   BOTA LABO(02-792-0318)

옛 그림 협조   국립민속박물관(02-3704-3114)

민화 협조   서울시무형문화재 제18호 민화장 전수교육조교 정승희

참고 문헌   《규합총서閨閤叢書》, 《농가월령가農家月令歌》, 《도문대작屠門大嚼》, 《동국세시기東國歲時記》, 《사례편람四禮便覽》, 《산림경제山林經濟》, 《삼국사기三國史記》, 《열양세시기洌陽歲時記》

나의 뿌리, 香卿
나의 줄기, 駿植
나의 푸른 잎, 太里

내 삶을 채워주는 三色에게 이 책을 바칩니다.

호호당 보자기 이야기
사는 동안 좋은 일만 있으라고,

양정은 지음
김연제 찍음

1판 1쇄 발행   2018년 7월 6일
1판 2쇄 발행   2018년 12월 5일

펴낸이   이영혜
펴낸곳   디자인하우스
                 서울시 중구 동호로 310 태광빌딩
                 우편번호 04616
대표전화   (02)2275-6151
영업부직통   (02)2263-6900
등록   1977년 8월 19일, 제2-208호

디자인   디자인작업실 크로씽
일러스트레이션   정하연
스타일링   양정은
                 문지윤(뷰로 드 클로디아)

편집장   최혜경
편집팀   정상미

콘텐츠랩
본부장   이상윤
아트디렉터   차영대

영업부   문상식, 소은주
제작부   이성훈, 민나영

출력 · 인쇄   중앙문화인쇄

ISBN 978-89-7041-724-0 13590
값 24,000원